建筑施工特种作业人员安全培训系列教材

建筑施工特种作业
安全基础知识

那　然　主编

U0279459

中国建材工业出版社

图书在版编目（CIP）数据

建筑施工特种作业安全基础知识/那然主编 . —北京：中国建材工业出版社，2019.1

建筑施工特种作业人员安全培训系列教材

ISBN 978-7-5160-2359-4

Ⅰ.①建… Ⅱ.①那… Ⅲ.①建筑工程—工程施工—安全培训—教材 Ⅳ.①TU714

中国版本图书馆 CIP 数据核字（2018）第 179560 号

内容简介

本书以建筑工程安全生产法律法规和特种作业安全技术规范标准为依据，详尽阐述了安全生产法律法规和规章制度、特种作业人员管理制度、高处作业安全知识、安全防护、安全标志、消防、急救知识、安全用电等建筑施工特种作业人员应掌握的安全生产基础知识，有助于读者提高建筑施工特种作业安全技能。

建筑施工特种作业安全基础知识

那　然　主编

出版发行：中国建材工业出版社

地　　址：北京市海淀区三里河路 1 号

邮　　编：100044

经　　销：全国各地新华书店

印　　刷：北京雁林吉兆印刷有限公司

开　　本：850mm×1168mm　1/32

印　　张：8

字　　数：200 千字

版　　次：2019 年 1 月第 1 版

印　　次：2019 年 1 月第 1 次

定　　价：33.80 元

《建筑施工特种作业安全基础知识》
编 委 会

主　编：那　然

编写人员：安　枫　　马明杰　　李世强

　　　　　那建兴　　刘金侨　　赵丽娅

　　　　　崔丽娜

前　　言

　　为提高建筑施工特种作业人员安全知识水平和实际操作技能，增强特种作业人员安全意识和自我保护能力，确保取得《建筑施工特种作业操作资格证书》的人员，具备独立从事相应特种作业工作能力，按照《建筑施工特种作业人员管理规定》和《关于建筑施工特种作业人员考核工作的实施意见》要求，依据国家建筑施工安全生产法律法规和特种作业安全技术规范标准，组织编写了《建筑施工特种作业安全基础知识》。

　　本书系统介绍了建筑施工特种作业人员应掌握的专业基础知识，内容丰富、通俗易懂、图文并茂、条理分明、专业系统，具有很强的实用性和操作性，可以作为建筑施工特种作业人员的培训用书和日常工具书。

　　由于编写时间仓促，编者水平有限，书中难免有疏漏和不当之处，敬请批评指正。

编　者
2018 年 8 月

目　　录

第一章 建筑安全生产法律法规和规章制度

安全生产关系到人民群众生命和财产安全，直接影响到社会稳定和社会发展的大局。党和政府非常重视安全生产工作，为减少和防止生产安全事故的发生，从制度、体制、措施上制定了一系列的安全生产法律法规。

安全生产相关的法律法规按其立法的主体、法律效力不同可分为宪法、安全生产法律、行政法规、地方性行政法规、部门规章、国际安全公约和标准、规范。

第一节 安全生产法律法规

一、《中华人民共和国宪法》

宪法，是我们国家的根本法律。是整个法律体系的核心，在我国的法律中有最高的权威和最大的效力。一切法律都要以宪法为依据，不得与宪法相抵触。目前，正在使用的《中华人民共和国宪法修正案》，是 2018 年 3 月 11 日修订的。

宪法第四十二条规定：中华人民共和国公民有劳动的权利和义务。国家通过各种途径，创造劳动就业条件，加强劳动保护，改善劳动条件，并在发展生产的基础上，提高劳动报酬和福利待遇。第四十六条规定：中华人民共和国公民有受教育的权利和义务。

二、《中华人民共和国建筑法》

《建筑法》1997年11月1日发布（第91号主席令），自1998年3月1日起施行，是我国第一部专门规范各类房屋建筑及其附属设施的建造和与其配套的线路、管道、设备的安装等建筑施工活动的法律。从法律的层面上规范了建筑施工过程中所有的工作内容，其目的是为了加强对建筑活动的监督管理，维护建筑市场秩序，保证建筑工程的质量和安全，促进建筑业健康发展。《建筑法》第一次以法律的形式明确，我国建筑工程安全生产管理必须坚持"安全第一、预防为主"的方针，《建筑法》第五章专门阐述了建筑施工安全生产管理的要求。《建筑法》四十六条规定，建筑施工企业应当建立健全劳动安全生产教育培训制度，加强对职工安全生产的教育培训；未经安全生产教育培训的人员，不得上岗作业。

三、《中华人民共和国劳动法》

《劳动法》于2012年12月28日最新修订，2013年7月1日施行。作为我国第一部全面调整劳动关系的法律，以国家意志把实现劳动者的权利建立在法律保证的基础上，既是劳动者在劳动问题上的法律保障，又是每一个劳动者在劳动过程中的行为规范。《劳动法》共十三章、一百零七条。它的颁布，改变了我国劳动立法落后的状况，不仅提高了劳动法律规范的层次和效力，而且为制定其他相关法规，建立完备的劳动法律体系奠定了基础。

《劳动法》规定，用人单位应当建立职业培训制度，按照国家规定提取和使用职业培训经费，根据本单位实际，有计划地对劳动者进行职业培训。《劳动法》五十五条规定：从事特种作业的劳动者必须经过专门培训并取得特种作业资格。

四、中华人民共和国《安全生产法》

《安全生产法》于 2014 年 8 月 21 日最新修订，2014 年 12 月 1 日起施行。《安全生产法》是我国第一部全面规范安全生产的专门法律，在安全生产法律法规体系中占有极其重要的地位。《安全生产法》共七章九十七条，是我国安全生产法律体系的主体法，是党和政府在总结以往各类安全生产事故的基础上，根据我国经营单位的经济成分和经营组织日益多元化的实际情况而制定的。其适用范围是在中华人民共和国领域内从事生产经营活动的单位的安全生产，是各类生产经营单位及其从业人员实现安全生产所必须遵循的行为准则，是各级人民政府及其有关部门进行监督管理和行政执法的法律依据，是制裁各种安全生产违法犯罪行为的有力武器。

《安全生产法》从法律层面上规定了生产经营单位和从业人员的权利和义务。第二十一、二十二条规定：生产经营单位应当对从业人员进行安全生产教育和培训，保证从业人员具备必要的安全生产知识，熟悉有关的安全生产规章制度和安全操作规程，掌握本岗位的安全操作技能。生产经营单位采用新工艺、新技术、新材料或者使用新设备，必须了解、掌握其安全技术特性，采取有效的安全防护措施，并对从业人员进行专门的安全生产教育和培训。未经安全生产教育和培训合格的从业人员，不得上岗作业。

《安全生产法》第二十三条规定：经营单位的特种作业人员必须按照国家有关规定经专门的安全作业培训，取得特种作业操作资格证书，方可上岗作业。

五、《建设工程安全生产管理条例》

《建设工程安全生产管理条例》（393 号令）于 2003 年 11 月

24 日公布，自 2004 年 2 月 1 日起施行。共八章七十一条，主要规定了建设单位、勘察单位、设计单位、施工单位、工程监理单位和其他与建设工程有关的单位的安全责任以及安全生产的监督管理、生产安全事故应急救援与调查处理等内容。专门适用于工程建设的建筑施工等。

《建设工程安全生产管理条例》对建设单位的安全生产责任进行了详细的规定：建设单位应当如实向施工单位提供有关施工资料，不得向有关单位提出非法要求，不得压缩合同工期，不得明示或者暗示施工单位购买不符合要求的设备、设施、器材和用具，建设单位在编制工程概算时，应当确定建设工程安全作业环境及安全施工措施所需费用。必须保证必要的安全投入等内容。同时明确规定了监理、勘察、设计单位和其他有关单位的安全生产责任。

《建设工程安全生产管理条例》第四章专门叙述了施工单位的安全生产责任，第三十六条规定：施工单位应当对管理人员和作业人员每年至少进行一次安全生产教育培训，其教育培训情况记入个人工作档案。安全生产教育培训考核不合格的人员，不得上岗。第三十七条规定：作业人员进入新的岗位或者新的施工现场前，应当接受安全生产教育培训。未经教育培训或者教育培训考核不合格的人员，不得上岗作业。施工单位在采用新技术、新工艺、新设备、新材料时，应当对作业人员进行相应的安全生产教育培训。

六、《中华人民共和国劳动合同法实施条例》

《中华人民共和国劳动合同法实施条例》（第 535 号）于 2008 年 9 月 3 日公布施行。颁布实施对《劳动合同法》中的很多条款作了明确的规定，解决了《劳动合同法》的不足，细化了《劳动合同法》难以直接操作的原则性规定，补充和完善了《劳动合同法》的漏洞，对于我国劳动合同法律制度的完善，具有十分重大的意义。

用人单位为劳动者提供规定的培训费用，包括用人单位为了对劳动者进行专业技术培训而支付的有凭证的培训费用、培训期间的差旅费用以及因培训产生的用于该劳动者的其他直接费用。

依照劳动合同法规定的条件、程序，详细规定了用人单位和劳动者在符合法律法规的情况下可以与劳动者和人员到位解除固定期限劳动合同、无固定期限劳动合同或者以完成一定工作任务为期限的劳动合同等。

七、《特种设备安全监察条例》

《国务院关于修改〈特种设备安全监察条例〉的决定》，自2009 年 5 月 1 日起施行。条例规定了特种设备设计、制造、安装、改造、维修、使用、检验检测全过程安全监察的基本制度。条例对于加强特种设备的安全管理，防止和减少事故，保障人民群众生命、财产安全发挥了重要作用。

特种设备是指涉及生命安全、危险性较大的锅炉、压力容器（含气瓶，下同）、压力管道、电梯、起重机械、客运索道、大型游乐设施和场（厂）内专用机动车辆。由于特种设备的设计、制造、安装、改造、维修、使用、检验检测等存在一定的特殊性和危险性，为了加强特种设备的安全监察，防止和减少事故，保障人民群众生命和财产安全，促进经济发展，制定特种设备安全监察条例。

新修订的特种设备安全监察条例将场（厂）内专用机动车辆、安全监察明确纳入条例调整范围，同时第三条第三款规定：房屋建筑工地和市政工程工地用起重机械、场（厂）内专用机动车辆的安装、使用的监督管理，由建设行政主管部门依照有关法律、法规的规定执行。

八、《建筑起重机械安全监督管理规定》

《建筑起重机械安全监督管理规定》于 2008 年 1 月 8 号发布（第 166 号），自 2008 年 6 月 1 日起施行。建筑起重机械，是指纳入特种设备目录，在房屋建筑工地和市政工程工地安装、拆卸、使用的起重机械。目的是为了加强建筑起重机械的安全监督管理，防止和减少生产安全事故，保障人民群众生命和财产安全。建筑起重机械的租赁、安装、拆卸、使用及其监督管理，适用该规定。

该规定逐条明确了建筑起重机械出租单位，安装、拆除单位，使用单位，施工总承包单位，建筑起重机械特种作业人员的安全责任。

九、《工伤保险条例》

《国务院关于修改〈工伤保险条例〉的决定》，自 2011 年 1 月 1 日起施行。工伤保险是一项建立较早的社会保险制度，为了保障因工作遭受事故伤害或者患职业病的职工获得医疗救治和经济补偿，促进工伤预防和职业康复，分散用人单位的工伤风险。《工伤保险条例》对工伤保险补偿做出了明确的法律规定，对做好工伤人员的医疗救治和经济补偿，加强安全生产工作，预防和减少生产安全事故，实现社会稳定，具有积极的作用。中华人民共和国境内的各类企业、有雇工的个体工商户应当依照《工伤保险条例》规定参加工伤保险，为本单位全部职工或者雇工缴纳工伤保险费。中华人民共和国境内的各类企业的职工和个体工商户的雇工，均有依照《工伤保险条例》的规定享受工伤保险待遇的权利。工伤保险具有补偿性、保险补偿、风险共担、无责任补偿的原则的特性。

《工伤保险条例》规定，职工发生工伤经治疗伤情相对稳定后存在残疾影响劳动能力的，应当进行劳动能力鉴定。劳动能力鉴定是指利用医学科学的办法和依据鉴定标准，对伤病劳动者的伤、病、残程度及其劳动能力进行诊断和鉴定的活动。劳动能力鉴定是劳动和社会保障行政部门的一项重要工作，是确定工伤保险待遇的基础。根据我国相关标准的规定，劳动功能障碍分为 10 个伤残等级。

工伤保险待遇：职工因工作遭受事故伤害或者患职业病进行治疗，享受工伤医疗待遇。工伤保险待遇包括：受伤职工的住院待遇、安装辅助器具的待遇、停工留薪的待遇、伤残补助的待遇、职工因公死亡的待遇等，工伤保险待遇从工伤保险基金支付，具体标准符合《工伤保险条例》的规定。

第二节　施工企业安全管理责任

工程建设中建设单位、设计单位、监理等单位，都担负着安全生产的责任和义务。其中，施工单位是工程建设活动的主体之一，在安全生产中处于核心地位。在施工生产过程中，防范安全事故、消除事故隐患、确保施工安全生产，施工单位是关键。法律规定，施工现场的安全生产建筑施工企业负总责。

一、实行施工总承包的，由总承包单位负责

施工总承包企业承揽工程后，可以将工程中的部分工程合法分包给具有相应资质的专业承包企业或者劳务分包企业。实际施工中，总承包单位和分包单位在施工现场同一个施工作业区作业，如果施工中自己管自己，缺少统一的协调管理，导致施工现场的安全管理比较混乱，施工安全得不到真正的保证，一旦发生安全事故，又往往相互推卸责任。因此，《建筑法》明确规定：施工现场的安全管理由总承包企业统一管理和全面负责。

　　总承包单位依法将建设工程进行分包的，在分包合同中应当明确各自安全生产方面的权利、义务，分包单位要服从总承包单位的管理，对分包的工程，分包单位向总承包单位负责，服从总承包单位对施工现场的安全生产管理，但双方均承担安全管理的责任，分包单位不服从总承包单位管理导致生产安全事故的，由分包单位承担主要责任，总承包单位负连带责任。

　　《建筑法》第 29 条规定："建筑工程总承包单位可以将承包工程中的部分工程发包给具有相应资质条件的分包单位；但是，除总承包合同中约定的分包外，必须经建设单位认可。建筑工程总承包单位按照总承包合同的约定对建设单位负责；分包单位按照分包合同的约定对总承包单位负责。总承包单位和分包单位就分包工程对建设单位承担连带责任。禁止总承包单位将工程分包给不具备相应资质条件的单位。禁止分包单位将其承包的工程再分包。"第 45 条规定："施工现场安全由建筑施工企业负责。实行施工总承包的，由总承包单位负责。分包单位向总承包单位负责，服从总承包单位对施工现场的安全生产管理。"

二、施工单位的安全管理要求

　　国家相关法律法规规定：建筑施工企业在进行施工生产前，应该取得安全生产许可证，未取得安全生产许可证的，不得从事生产活动。取得安全生产许可证的条件包括很多内容，其中企业应建立、健全安全生产责任制，制定完备的安全生产规章制度和操作规程，进行必要的安全生产投入，对从业人员和特种作业人员进行安全生产教育和培训，特种作业人员还应经有关业务主管部门考核合格，取得特种作业操作资格证书等是企业申办安全生产许可证的重要内容之一。

（一）安全生产责任制

　　安全生产责任制是根据我国的安全生产方针和安全生产法规

建立的各级领导、职能部门、工程技术人员、岗位操作人员在劳动生产过程中对安全生产层层负责的制度。安全生产责任制是企业岗位责任制的一个组成部分，是企业中最基本的一项安全制度，也是企业安全生产、劳动保护管理制度的核心。实践证明，凡是建立、健全了安全生产责任制的企业，各级领导重视安全生产、劳动保护工作，切实贯彻执行安全生产、劳动保护方针、政策和国家的安全生产、劳动保护法规，在认真负责地组织生产的同时，积极采取措施，改善劳动条件，工伤事故和职业性疾病就会减少。反之，就会职责不清，相互推诿，而使安全生产、劳动保护工作无人负责，无法顺利进行，工伤事故与职业病就会不断发生。《安全生产法》规定：生产经营单位必须遵守本法和其他有关安全生产的法律、法规，加强安全生产管理，建立、健全安全生产责任制度，完善安全生产条件，确保安全生产。

要建立健全安全生产责任制度，首先要明确生产经营单位主要负责人的安全生产职责。生产经营单位主要负责人是指在本单位的日常生产经营活动中具有决策权的领导人或领导层，包括企业的法定代表人、企业最高行政负责人、公司的董事会成员或者有决策权的经理层人员。他们在安全生产工作中居于全面领导和决策地位，如果他们对安全生产重视不够、管理不严、责任不清，甚至重视生产轻视安全，就有可能导致其他从业人员忽视对安全工作的管理，从而酿成安全事故，也就是说，他们对安全工作真正重视与否，对本单位的安全生产具有至关重要的意义，因此，《安全生产法》规定："建筑施工企业的法人代表对本单位的安全生产工作全面负责。"《建设工程安全生产管理条例》第21条第一款又进行了进一步的规定：施工单位主要负责人依法对本单位的安全生产工作全面负责。同时，《安全生产法》第17条第一次以法律形式确定了生产经营单位主要负责人对本单位安全生产负有的六项职责：建立、健全本单位安全生产责任制；组织制定本单位安全生产规章制度和操作规程；保证本单位安全生产投入的有效实施；督促、检查本单位的安全生产工作，及时消除生产安全事故隐患；组织制定并实施本单位的生产安全事故应急救援预案；及时、如实报告生产安全事故。《建设工程安全生产管理条例》对此规定进行了重申。

（二）安全生产条件

安全生产条件是指生产经营单位的各个系统、各生产经营环境、所有的设备和设施以及与生产相适应的管理组织、制度和技术措施等，能够满足保障生产经营安全的需要，在正常情况下不会导致人员的伤亡或者财产损失。安全生产条件是保证安全生产的基石，是保障安全生产的前提和基础，具备了这些安全生产条件，生产经营单位发生生产安全事故的可能性就降到了最低。不具备这些基本的安全生产条件，发生生产安全事故的可能性就会增加。《安全生产法》第 16 条规定：生产经营单位应当具备本法和有关法律、行政法规和国家标准或者行业标准规定的安全生产条件；不具备安全生产条件的，不得从事生产经营活动。

1. 安全生产投入

要保证安全生产，必须有一定的物质条件和技术措施加以支持，这就必须有相应资金的投入，生产经营单位应当建立健全安全生产资金投入保障制度，是为了进一步加强安全生产管理，确保对安全技术措施费使用的及时、到位。表面上看，安全生产方面的资金投入与单位追求的经济效益之间是相互矛盾的，实际上，因为发生一起大的事故，给经营单位带来的经济损失往往是巨大的，有的甚至能将单位多年的经济效益毁于一旦，因此，从法律要求来讲，生产经营单位必须保证安全生产资金的投入，是十分必要和迫切的。安全生产投入由生产经营单位的决策机构、主要负责人予以保证，如果因为投入不足，不具备安全生产条件，导致生产安全事故发生，造成人员伤亡和财产损失等严重后果，应由生产经营单位的决策机构、主要负责人承担相应法律责任，包括民事赔偿责任、行政责任和刑事责任。《安全生产法》第18条规定：生产经营单位应当具备的安全生产条件所必需的资金投入，由生产经营单位的决策机构、主要负责人或者个人经营的投资人予以保证，并对由于安全生产所必需的资金投入不足导致的后果承担责任。

2. 安全技术措施

建设工程从开工到竣工，都存在着许许多多的不安全因素和事故隐患，如果预见不到，安全管理措施不到位，将有可能导致安全事故的发生，造成损失。为确保施工安全，施工单位在组织施工前，按照有关法律法规和标准的要求，编制施工组织设计，并根据建筑工程的特点制定相应的安全技术措施，对专业性较强的工程项目，编制安全专项方案，并采取安全技术措施。

《建筑法》第38条规定："建筑施工企业在编制施工组织设计时，应当根据建筑工程的特点制定相应的安全技术措施；对专业性较强的工程项目，应当编制专项安全施工组织设计，并采取安全技术措施。"建筑施工企业必须依法加强对建筑安全生产的管理，执行安全生产责任制度，采取有效措施，防止伤亡和其他安全生产事故的发生。建筑施工企业的法定代表人对本企业的安全生产负责。

由于施工现场的施工机械、机具种类多，高空与交叉作业多，临时设施多，不安全因素多，作业环境复杂，属于危险因素较大的作业场所，容易造成人身伤亡事故。施工单位应建立健全安全生产管理规章制度，制定维护安全、防范危险、预防火灾的措施和制度，为了避免对其他人员造成伤害，对施工现场实行封闭管理。同时，如果施工现场对毗邻的建筑物、构筑物和地下管线可能造成损坏的，应当采取专项保护措施，对毗邻的建筑物、构筑物和地下管线进行保护，否则，一旦造成事故，将严重影响人民群众的正常生活和工作秩序，造成重大的经济损坏，或带来一定的社会影响。

因此，《建筑法》39条规定："建筑施工企业应当在施工现场采取维护安全、防范危险、预防火灾等措施；有条件的，应当对施工现场实行封闭管理。施工现场对毗邻的建筑物、构筑物和特殊作业环境可能造成损害的，建筑施工企业应当采取安全防护措施。"

3. 建立安全卫生制度、具备安全生产条件

《劳动法》第52条规定："用人单位必须建立、健全劳动安全卫生制度，严格执行国家劳动安全卫生规程和标准，对劳动者进行劳动安全卫生教育，防止劳动过程中的事故，减少职业危害。"

"用人单位"是指我国境内的企业和个体经济组织，劳动者与国家机关、事业组织、社会团体建立劳动合同关系时，国家机关、事业组织、社会团体也可视为用人单位。

劳动安全卫生，又称职业安全卫生，是指直接保护劳动者在劳动或工作中的生命和身体健康的法律制度。"劳动安全卫生制度"主要指：安全生产责任制、安全技术措施计划制度、安全生产教育制度、安全卫生检查制度、伤亡事故职业病统计报告和处理制度等。

"劳动安全卫生规程和标准"是指：关于消除、限制或预防劳动过程中的危险和危害因素，保护职工安全与健康，保障设备、生产正常运行而制定的统一规定。劳动安全卫生标准共分三级，即国家标准、行业标准和地方标准。

用人单位必须为劳动者提供符合国家规定的劳动安全卫生条件和必要的符合国家标准的合格的劳动防护用品，对从事有职业危害作业的劳动者应当定期进行健康检查。

"国家规定"是指：各级人民政府或行政主管部门经批准发

布的法律法规、标准规范、规程等相关规定。

"安全卫生条件"是指：工作场所和生产设备。建筑施工、易燃易爆和有毒有害等危险作业场所应当设置相应的防护措施、报警装置、通讯装置、安全标志等。《建设工程安全生产管理条例》规定：危险性大的生产设备设施，如起重机械、电梯等，必须经有资质的检验检测机构进行检测合格、颁发安全使用许可证后方可投入使用。施工单位应当在施工现场入口处、施工起重机械、临时用电设施、脚手架、出入通道口、楼梯口、电梯井口、孔洞口、桥梁口、隧道口、基坑边沿、爆破物及有害危险气体和液体存放处等危险部位，设置明显的安全警示标志。安全警示标志必须符合国家标准要求。

"安全设施"是指：防止伤亡事故和职业病的发生而采取的消除职业危害因素的设备、装置、防护用具及其他防范技术措施的总称，包括劳动安全卫生、劳动安全卫生设施、个体防护措施和生产性辅助设施（如女工卫生室、更衣室、饮水设施），劳动安全卫生设施必须符合国家规定的标准。《建设工程安全生产管理条例》规定：施工单位应当将施工现场的办公区、生活区与作业区分开设置，并保持安全距离；办公区、生活区的选址应当符合安全性要求。职工的膳食、饮水、休息场所等应当符合卫生标准。施工单位不得在尚未竣工的建筑物内设置员工集体宿舍。施工单位对列入建设工程概算的安全作业环境及安全施工措施所需费用，应当用于施工安全防护用具及设施的采购和更新、安全施工措施的落实、安全生产条件的改善，不得挪作他用。

4. 环境保护的要求

为保护和改善环境，防治污染，国家制定了一系列环境保护的法律法规。这些法律法规明确规定了施工单位对环境保护的义务和责任。如《中华人民共和国环境保护法》规定，产生环境污染和其他公害的单位，必须把环境保护工作纳入计划，建立环境保护责任制度，采取有效措施，防治在生产建设或者其他活动中产生的废气、废水、废渣、粉尘、恶臭气体、放射性物质以及噪声、振动、电磁波辐射等对环境的污染和危害。《建筑法》41 条规定："建筑施工企业应当遵守有关环境保护和安全生产的法律、法规的规定，采取控制和处理施工现场的各种粉尘、废气、废水、固体废物以及噪声、振动对环境的污染和危害的措施。"

施工中发生事故时，建筑施工企业应当采取紧急措施减少人员伤亡和事故损失，并按照国家有关规定及时向有关部门报告。

三、女职工和未成年工特殊保护

女职工和未成年工由于生理等原因不适应从事某些危险性较大的或者劳动强度较大的劳动，属于弱势群体，应当在劳动就业上给予特殊的保护。《劳动法》明确规定，国家对女职工和未成年工实行特殊保护。未成年工是指年龄满 16 周岁未满 18 周岁的劳动者。同时对女职工和未成年人专门做出了特殊保护的规定。

（一）女职工保护

一是禁止安排女职工从事国家规定的第四级体力劳动强度的劳动和其他紧急从事的劳动。二是禁止安排女职工在经期从事高处、低温、冷水作业和国家规定的第三级体力劳动强度的劳动。三是禁止安排女职工在怀孕期间从事根据规定的第三级体力劳动强度的劳动和孕期禁忌从事的活动。对怀孕 7 个月以上的女职工，不得安排其延长工作时间和夜间劳动。四是禁止安排女职工在哺乳未满 1 周岁婴儿期间从事国家规定的第三级体力劳动强度的劳动和哺乳期禁忌从事的活动，不得延长其工作时间和夜间劳动。

（二）未成年工保护

一是禁止安排未成年工从事有毒有害、国家规定的第四级体力劳动强度的劳动和其他禁忌从事的劳动。二是要求用人单位应当对未成年工定期进行体检。

第三节　从业人员安全教育培训

建筑施工具有人员流动性大，露天作业多，高处作业，施工环境和作业条件差，不安全因素随工程的进度变化而变化，事故隐患较多的特点。实际施工现场的一线从业人员多为农民工，他们普遍存在文化素质低，安全意识差等现象，为了提高他们的安全意识和安全技术水平，对他们进行有针对性的安全教育是必不可少的。

一、教育的必要性

人是生产经营活动的第一要素，生产经营活动最直接的承担者就是从业人员，每个岗位的从业人员的生产经营活动安全了，整个生产经营单位的安全生产就有保障了，因此从制度上要求每个从业人员具备本职岗位的安全生产知识和操作能力，是非常必要的。现阶段，我国的经济还欠发达，一些从业人员的科学文化水平普遍较低，尤其是建筑施工现场，大量农民工走上工作岗位，他们普遍存在着文化素质低、安全意识差、缺乏防止和处理事故隐患及紧急情况的能力，这就必须通过必要的安全生产教育和培训来解决。教育的形式可以是多样的，教育的内容要贴近本单位、本岗位的规章制度和操作规程等，通过教育和培训，必须达到保证从业人员具备必要的安全生产知识，熟悉本单位的安全生产规章制度，掌握本岗位的安全操作规程和操作技能。

《建筑法》规定：建筑施工企业应当建立健全劳动安全生产教育培训制度，加强对职工安全生产的教育培训；未经安全生产教育培训的人员，不得上岗作业。

《安全生产法》第 21 条、22 条规定：

1. 生产经营单位应当对从业人员进行安全教育和培训。

2. 生产经营单位进行安全教育和培训，必须符合法律的要求。对从业人员的安全教育和培训必须包括 3 个方面：

（1）学习必要的安全生产知识。

（2）熟悉有关安全生产规章制度和安全操作规程。

（3）掌握本岗位安全操作技能。

3. 从业人员须经培训合格方可上岗作业。

为了保证安全教育和培训的质量，《安全生产法》要求从业人员不但要进行安全教育和培训，而且还要经过考试合格才能确认其具备上岗作业的资格。从业人员只有经过考试合格的，才能上岗作业。未经安全生产教育和培训合格的从业人员，不得上岗作业。

《建设工程安全生产管理条例》规定：作业人员进入新的岗位或者新的施工现场前，应当接受安全生产教育培训。未经教育培训或者教育培训考核不合格的人员，不得上岗作业。

二、培训教育的形式和内容

（一）一线工人的教育形式和内容包括

1. 三级安全教育，新进场的作业人员必须进行公司、项目和班组的三级安全教育，经考核合格，方能上岗；

2. 岗位安全培训，包括管理人员的岗位安全培训和特种作业人员的岗位安全培训；

3. 年度安全教育培训，建筑业企业职工每年必须接受一次专门的安全培训；

4. 变换工种、变换工地的安全培训教育，企业待岗、转岗的职工，重新上岗的必须接受一次操作技能和安全操作知识的培训；

5. 采用新技术、新工艺、新设备、新材料时，施工单位应对作业人员进行相应的安全培训教育；

6. 经常性的安全教育，包括季节性和节假日前后的安全教育等。

培训教育是搞好安全生产的重要手段之一。

（二）采用"四新"技术的培训

随着科学技术的进步，许多新工艺、新技术、新材料或者新设备被研制开发出来，这些新的东西具有很多不一般的特性，在使用之前一定要先进行培训，了解或掌握了其安全技术性能，知道并采取有效的安全防护措施，才可以使用。《安全生产法》第22条规定：生产经营单位采用新工艺、新技术、新材料或者使用新设备，必须了解、掌握其安全技术特性，采取有效的安全防护措施，并对从业人员进行专门的安全生产教育和培训。《建设工程安全生产管理条例》也规定：施工单位在采用新技术、新工艺、新设备、新材料时，应当对作业人员进行相应的安全生产教育培训。

（三）特种作业人员的培训

特种作业人员是指国家主管部门认可的、容易发生伤亡事故，对操作者本人、他人及周围设施的安全可能造成重大危害的作业。直接从事特种作业的人员称为特种作业人员。特种作业人员所从事的岗位，一般危险性都较大，较易发生事故，而且往往是恶性事故。因此，特种作业人员素质的高低直接关系到用人单位的安全生产状况。"专门培训"是指有关主管部门组织的，专门针对特种作业人员的培训，无论从内容上、时间上，都不同于普通的从业人员的安全培训，其培训内容应具有较强的针对性，以保证特种作业人员的人身安全和健康，保障用人单位的安全生产符合法律法规的要求。

《劳动法》规定，从事特种作业的劳动者必须经过专门培训并取得特种作业资格。《安全生产法》第23条第1款规定："生产经营单位的特种作业人员必须按照国家有关规定经专门的安全作业培训，取得特种作业操作资格证书，方可上岗作业"。《建设工程安全生产管理条例》第 25 条规定：垂直运输机械作业人员、安装拆卸工、爆破作业人员、起重信号工、登高架设作业人员等特种作业人员，必须按照国家有关规定经过专门的安全作业培训，并取得特种作业操作资格证书后，方可上岗作业。

《特种设备监察条例》规定，特种设备作业人员：锅炉、压力容器、电梯、起重机械、客运索道、大型游乐设施、场（厂）内专用机动车辆的作业人员及其相关管理人员，应当按照国家有关规定经特种设备安全监督管理部门考核合格，取得国家统一格式的特种作业人员证书，方可从事相应的作业或者管理工作。

第四节　从业人员的权利和义务

依法保护广大从业人员的安全生产保障权利是我们社会主义本质决定的。从业人员是建设社会主义现代强国的主力军，又是生产经营活动的具体承担者，在劳动关系中又往往处于弱者地位，生产经营活动直接关系到从业人员的生命安全；同时，从业人员的行为又直接影响到安全生产，是实现安全生产的主要依靠。为了保障生产经营单位的安全生产，应当赋予从业人员相应的权利，充分发挥他们在安全生产管理中的主力军作用。

一、从业人员的权利

（一）劳动的权利

宪法第 42 条规定：中华人民共和国公民有劳动的权利和义务。《劳动法》规定劳动者享有劳动的权利。劳动权利是指任何具有劳动能力且愿意工作的人都有获得有保障的工作的权利。狭义的劳动权利：指劳动者获得和选择工作岗位的权利；广义的劳动权利：劳动者依据法律、法规和劳动合同所获得的一切权利。其内容包括：平等就业和选择职业的权利、获得劳动报酬的权利、获得休息休假的权利、获得劳动安全卫生保护的权利、接受职业培训的权利、享受社会保险和福利的权利、提请劳动争议处理的权利、结社权、集体协商权、民主管理权。

（二）知情权、建议权

生产经营单位的从业人员有权了解其作业场所和工作岗位存在的危险因素、防范措施及事故应急措施，有权对本单位的安全生产工作提出建议。职工的知情权，与他们的安全和健康关系密切，是保护职工生命健康权的重要前提，也是保证职工参与权的前提条件，用人单位是保证知情权的责任方，如果用人单位没有履行告知的责任，职工有权拒绝工作。

《安全生产法》第45条规定：生产经营单位的从业人员有权了解其作业场所和工作岗位存在的危险因素、防范措施及事故应急措施，有权对本单位的安全生产工作提出建议。

（三）批评、检举、控告权

从业人员有权对本单位安全生产工作中存在的问题提出批评、检举、控告；用人单位违反安全生产相关法律法规，或者不履行安全保障责任的情况，职工有直接对用人单位提出批评，或向有关部门检举和控告的权利，这项权利也可以看成是对用人单位的监督。

《安全生产法》第46规定：从业人员有权对本单位安全生产工作中存在的问题提出批评、检举、控告；有权拒绝违章指挥和强令冒险作业。

生产经营单位不得因从业人员对本单位安全生产工作提出批评、检举、控告或者拒绝违章指挥、强令冒险作业而降低其工资、福利等待遇或者解除与其订立的劳动合同。

（四）拒绝违章指挥和强令冒险作业的权利

从业人员有权拒绝违章指挥和强令冒险作业。违章指挥和强令冒险作业是指用人单位领导、各类人员或工程技术人员违反规章制度和操作规程，或者在明知存在危险因素又没有采取相应的安全保护措施，开始和继续作业会危及操作人员生命的情况下，不顾操作人员的生命安全和健康，强迫命令操作人员进行作业。这些行为都对职工的生命安全和健康构成严重威胁，职工享有这项权利，是保障职工生命安全和健康的一项重要权利。

生产经营单位不得因从业人员对本单位安全生产工作提出批评、检举、控告或者拒绝违章指挥、强令冒险作业而降低其工资、福利等待遇或者解除与其订立的劳动合同。

（五）紧急避险权

《安全生产法》第47条规定：从业人员发现直接危及人身安全的紧急情况时，有权停止作业或者在采取可能的应急措施后撤离作业场所。生产经营单位不得因从业人员在前款紧急情况下停止作业或者采取紧急撤离措施而降低其工资、福利等待遇或者解除与其订立的劳动合同。

该条款充分体现了"以人为本"的精神，在生产劳动过程中有可能发生意外的直接危及人身安全的紧急情况，此时如果不停止工作，紧急撤离，会威胁操作人员的生命安全和健康，造成重大伤亡，因此，法律赋予职工享有在紧急状态下停止作业或在采取了可能的应急措施以后撤离的权利。

（六）获得安全生产教育和培训的权利

宪法第46条规定：中华人民共和国公民有受教育的权利和义务。生产经营单位应当对从业人员进行安全生产教育和培训，保证从业人员具备必要的安全生产知识，熟悉有关的安全生产规章制度和安全操作规程，掌握本岗位的安全操作技能。未经安全生产教育和培训合格的从业人员，不得上岗作业。

对从业人员进行培训既是用人单位的义务，同时也是从业人员应该享有的权利。

（七）享有意外伤害保险、工伤保险权和要求民事赔偿的权利

《安全生产法》第43条规定：生产经营单位必须依法参加工伤社会保险，为从业人员缴纳保险费。生产经营单位与从业人员订立的劳动合同，应当载明有关保障从业人员劳动安全、防止职业危害的事项，以及依法为从业人员办理工伤社会保险的事项。已在企业所在地参加工伤保险的人员，从事现场施工时仍可参加建筑意外伤害保险。《建筑法》第48条规定，建筑施工企业必须为从事危险作业的职工办理意外伤害保险，支付保险费。建筑职工意外伤害保险是法定的强制性保险，也是保护建筑业从业人员合法权益，转移企业事故风险，增强企业预防和控制事故能力，促进企业安全生产的重要手段。因此，从业人员有权享受意外伤害保险。

参加工伤保险是用人单位承担的法定义务，它保障了劳动者在受到工伤伤害时，及时获得工伤保险待遇；同时为了防止用人单位在参加工伤保险后，忽视工伤事故的预防及职业病的防治，安全生产法赋予受到工伤事故伤害的从业人员在享受工伤保险待遇的同时，有要求生产经营单位给予民事赔偿的权利。《安全生产法》第48条规定：因生产安全事故受到损害的从业人员，除依法享有工伤社会保险外，依照有关民事法律尚有获得赔偿的权利的，有权向本单位提出赔偿要求。工伤认定是指有关部门，根据国家有关法律法规的规定确认职工所受伤害是因工还是非因工造成的事实。依据国际上"无过错（过失）赔偿"原则，只要依法确认为工伤，无论责任在谁，都由用人单位负责赔偿和补偿，而且这项权利必须以劳动合同必要条款的书面形式加以确认。

1.《工伤保险条例》规定：职工有下列情形之一者，应当认

定为工伤：

（1）工作时间和工作场所内，因工作原因受到事故伤害的；

（2）工作时间前后在工作场所内，从事与工作有关的预备性或者收尾性工作受到事故伤害的；

（3）在工作时间和工作场所内，因履行工作职责受到暴力等意外伤害的；

（4）患职业病的；

（5）因工外出期间，由于工作原因受到伤害或者发生事故下落不明的；

（6）在上、下班途中，受到机动车事故伤害的；

（7）法律、行政法规规定应当认定为工伤的其他情形。

2.《工伤保险条例》规定：职工有下列情形之一者，视同工伤：

（1）在工作时间和工作岗位，突发疾病死亡或者在48小时之内经抢救无效死亡的；

（2）在抢险救灾等维护国家利益、公共利益活动中受到伤害的；

（3）职工原在军队服役，因战、因公负伤致残，已取得革命伤残军人证，到用人单位后旧伤复发的。

3.《工伤保险条例》规定：职工有下列情形之一者，不得认定为工伤或视同工伤：

（1）因犯罪或者违反治安管理伤亡的；

（2）醉酒导致伤亡的；

（3）自残或者自杀的。

4. 提出工伤认定申请应当的提交材料：

（1）工伤认定申请表；

（2）劳动合同文本或者其他与用人单位存在劳动关系（包括事实劳动关系）的证明材料；

（3）医疗机构出具的受伤后诊断证明或者职业病诊断机构出具的职业病诊断证明书（或者鉴定机构出具的职业病诊断鉴定书）。

（4）其他要求的材料。

（八）获得符合国家标准或者行业标准劳动防护用品的权利

获得各项安全生产保护条件和保护待遇的权利，即从业人员有获得安全生产卫生条件的权利，有获得符合国家标准或者行业标准劳动防护用品的权利；有获得定期健康检查的权利等。上述权利设置的目的是保障从业人员在劳动过程中的生命安全和健康，减少和防止职业危害发生。《安全生产法》第37条规定，生产经营单位必须为从业人员提供符合国家标准或者行业标准的劳动防护用品，并监督、教育从业人员按照使用规则佩戴、使用。

（九）劳动者有权依法参加工会组织

工会代表和维护劳动者的合法权益，依法独立自主地开展活动。劳动者依照法律规定，通过职工大会、职工代表大会或者其他形式，参与民主管理或者就保护劳动者合法权益与用人单位进行平等协商。

（十）劳动者可以依法解除劳动合同的情形

根据《劳动合同法实施条例》的规定，劳动者可以依照劳动合同法规定的条件、程序，劳动者可以与用人单位解除固定期限劳动合同、无固定期限劳动合同或者以完成一定工作任务为期限的劳动合同：

1. 劳动者与用人单位协商一致的；

2. 劳动者提前30日以书面形式通知用人单位的；

3. 劳动者在试用期内提前3日通知用人单位的；

4. 用人单位未按照劳动合同约定提供劳动保护或者劳动条件的；

5. 用人单位未及时足额支付劳动报酬的；

6. 用人单位未依法为劳动者缴纳社会保险费的；

7. 用人单位的规章制度违反法律、法规的规定，损害劳动者权益的；

8. 用人单位以欺诈、胁迫的手段或者乘人之危，使劳动者在违背真实意思的情况下订立或者变更劳动合同的；

9. 用人单位在劳动合同中免除自己的法定责任、排除劳动者权利的；

10. 用人单位违反法律、行政法规强制性规定的；

11. 用人单位以暴力、威胁或者非法限制人身自由的手段强迫劳动者劳动的；

12. 用人单位违章指挥、强令冒险作业危及劳动者人身安全的；

13. 法律、行政法规规定劳动者可以解除劳动合同的其他情形。

二、从业人员的义务

《劳动法》第 3 条在劳动卫生方面规定了从业人员需要履行的四项义务：一是劳动者应当完成任务；二是劳动者应当提高职业技能；三是劳动者应当执行劳动安全卫生规程；四是劳动者应当遵守劳动纪律和职业道德。

1. 遵守安全生产规章制度和操作规程的义务

用人单位的规章制度是根据国家法律法规和标准的要求，结合本单位的实际情况制定的有关安全生产、劳动保护的具体制度，针对性和可操作性较强。操作规程是保障安全生产具体的操作技术和操作程序，是职工进行安全生产的专业技术准则，是用人单位职工经验的总结。有的是通过血的教训甚至是生命的代价换来的，是保护职工自己和他人免受伤害的护身法宝，所以职工不但自己必须严格遵守安全生产规章制度和操作规程，也不能允许任何人以任何借口违反。《劳动法》规定，劳动者在劳动过程中必须严格遵守安全操作规程。《安全生产法》规定："从业人员在作业过程中，应当严格遵守本单位的安全生产规章制度和操作规程……"

2. 服从管理的义务

施工现场影响安全生产的因素较多，需要统一的指挥和管理。为了保持良好的生产劳动秩序，保障自身和他人的生命安全和健康，对于符合规章制度和操作规程的、正确的指挥和管理，职工必须服从管理。《安全生产法》规定："从业人员在作业过程中，应当……服从管理……"。

3. 正确佩戴和使用劳动防护用品的义务

劳动防护用品是职工在劳动过程中为防御外界因素伤害人体而穿戴和配备的各种物品的总称。尽管在生产劳动过程中采用了多种安全防护措施，但由于条件限制，仍会存在一些不安全、不卫生的因素，对操作人员的安全与健康构成威胁，个人劳动防护用品是保护职工的最后一道防线。不同的劳动防护用品具有特定的佩戴和使用规则、方法，只有正确佩戴和使用，才能发挥它的防护作用。职工提高自己的安全防护意识，按规定的要求正确佩戴和使用劳动防护用品，既是保护本人的安全和健康的需要，也是用人单位实现安全生产的需要。《安全生产法》规定："从业人员在作业过程中……应当正确佩戴和使用劳动防护用品"。

4. 掌握安全生产知识和提高安全生产技能的义务

为了预防伤亡事故和职业危害、职业病，保障职工的安全和健康，职工必须具备相关的知识与技能，以及事故预防和应急处理能力等。要使从业人员具备这些基本的素质，必须通过必要的安全教育培训。《安全生产法》规定：从业人员应当接受安全生产教育和培训，掌握本职工作所需的安全生产知识，提高安全生产技能，增强事故预防和应急处理能力。

5.发现事故隐患或者职业危害及时报告的义务

由于从业人员承担生产劳动一线具体的操作工作，更容易发现现场的事故隐患，如果他们拖延报告或者隐瞒不报，用人单位不能及时采取有效的防范措施，消除事故隐患和职业危害，将会给操作者本人、周围的人员以及生产经营单位带来更大的安全隐患，甚至会造成安全事故，因此，从业人员一旦发现事故隐患，有义务及时、如实向现场管理人员或本单位负责人报告。《安全生产法》第51条规定：从业人员发现事故隐患或者其他不安全因素，应当立即向现场安全生产管理人员或者本单位负责人报告；接到报告的人员应当及时处理。

第二章　特种作业人员管理制度

建筑施工特种作业人员是指在房屋建筑和市政工程施工活动中，从事可能对本人、他人及周围设备设施的安全造成重大危害作业的人员。

第一节　建筑施工特种作业人员管理规定

《建筑施工特种作业人员管理规定》（以下简称《规定》），于2008年6月1日开始实施。目的是为加强对建筑施工特种作业人员的管理，防止和减少生产安全事故。《规定》对建筑施工特种作业人员的考核、发证、从业和监督管理等方面，都提出了明确而严格的要求。

建筑施工特种作业包括：建筑电工、建筑架子工、建筑起重信号司索工、建筑起重机械司机、建筑起重机械安装拆卸工、高处作业吊篮安装拆卸工，以及经省级以上人民政府建设主管部门认定的其他特种作业。

建筑施工特种作业人员必须经建设主管部门考核合格，取得建筑施工特种作业人员操作资格证书，方可上岗从事相应作业。建筑施工特种作业人员的考核内容应当包括安全技术理论和实际操作。

一、考核

建筑施工特种作业人员的考核发证工作，由省、自治区、直辖市人民政府建设主管部门或其委托的考核发证机构负责组织实施。

（一）申请考核

从事建筑施工特种作业的人员，符合下列基本条件，应当向本人户籍所在地或者从业所在地考核发证机关提出申请，并提交相关证明材料。

1. 年满 18 周岁且符合相关工种规定的年龄要求；

2. 经医院体检合格且无妨碍从事相应特种作业的疾病和生理缺陷；

3. 初中及以上学历；

4. 符合相应特种作业需要的其他条件。

（二）考核发证

考核发证机关应当自收到申请人提交的申请材料之日起 5 个工作日内依法做出受理或者不予受理决定。对于受理的申请，考核发证机关应当及时向申请人核发准考证，并应当在办公场所公布建筑施工特种作业人员申请条件、申请程序、工作时限、收费依据和标准等事项。在考核前应当在机关网站或新闻媒体上公布考核科目、考核地点、考核时间和监督电话等事项。

建筑施工特种作业人员的考核内容应当包括安全技术理论和实际操作。考核大纲由国务院建设主管部门制定。

考核发证机关应当自考核结束之日起 10 个工作日内公布考核成绩。对于考核合格的，应当自考核结果公布之日起 10 个工作日内颁发资格证书；对于考核不合格的，应当通知申请人并说明理由。

资格证书应当采用国务院建设主管部门规定的统一样式，由考核发证机关编号后签发。资格证书在全国通用。

二、从业

（一）对从业人员的要求

持有资格证书的人员，应当受聘于建筑施工企业或者建筑起重机械出租单位（以下简称用人单位），方可从事相应的特种作业。

建筑施工特种作业人员应当严格按照安全技术标准、规范和规程进行作业，正确佩戴和使用安全防护用品，并按规定对作业工具和设备进行维护保养。

在施工中发生危及人身安全的紧急情况时，建筑施工特种作业人员有权立即停止作业或者撤离危险区域，并向施工现场专职安全生产管理人员和项目负责人报告。

（二）对用人单位的要求

用人单位对于首次取得建筑施工特种作业资格证书的人员，应当在其正式上岗前安排不少于 3 个月的实习操作。每年应当对从业人员进行安全教育培训或者继续教育，不得少于 24 小时。

用人单位应当履行的职责：

1. 与持有效资格证书的特种作业人员订立劳动合同；

2. 制定并落实本单位特种作业安全操作规程和有关安全管理制度；

3. 书面告知特种作业人员违章操作的危害；

4. 向特种作业人员提供齐全、合格的安全防护用品和安全的作业条件；

5. 按规定组织特种作业人员参加年度安全教育培训或者继续教育，培训时间不少于 24 小时；

6. 建立本单位特种作业人员管理档案；

7. 查处特种作业人员违章行为并记录在档；

8. 法律法规及有关规定明确的其他职责。

建筑施工特种作业人员变动工作单位，任何单位和个人不得以任何理由非法扣押其资格证书。任何单位和个人不得非法涂改、倒卖、出租、出借或者以其他形式转让资格证书。

三、延期复核

资格证书有效期为两年。有效期满需要延期的，建筑施工特种作业人员应当于期满前3个月内向原考核发证机关申请办理延期复核手续。延期复核合格的，资格证书有效期延期2年。

（一）建筑施工特种作业人员申请延期复核，应当提交下列材料：

1. 身份证（原件和复印件）；
2. 体检合格证明；
3. 年度安全教育培训证明或者继续教育证明；
4. 用人单位出具的特种作业人员管理档案记录；
5. 考核发证机关规定提交的其他资料。

（二）建筑施工特种作业人员在资格证书有效期内，有下列情形之一的，延期复核结果为不合格：

1. 超过相关工种规定年龄要求的；
2. 身体健康状况不再适应相应特种作业岗位的；
3. 对生产安全事故负有责任的；
4. 2年内违章操作记录达3次（含3次）以上的；
5. 未按规定参加年度安全教育培训或者继续教育的；
6. 考核发证机关规定的其他情形。

（三）考核发证机关在收到建筑施工特种作业人员提交的延期复核资料后，应当根据以下情况分别做出处理：不符合规定的，自收到延期复核资料之日起5个工作日内做出不予延期决定，并说明理由；对于提交资料齐全且符合规定的，自受理之日起10个工作日内办理准予延期复核手续，并在证书上注明延期复核合格，并加盖延期复核专用章。

考核发证机关应当在资格证书有效期满前按本规定第25条做出决定；逾期未做出决定的，视为延期复核合格。

四、监督管理

（一）考核发证机关应建立健全相关制度

考核发证机关应当制定建筑施工特种作业人员考核发证管理制度，建立本地区建筑施工特种作业人员档案。县级以上地方人民政府建设主管部门应当监督检查建筑施工特种作业人员从业活动，查处违章作业行为并记录在档。

（二）考核发证机关及时向国务院建设主管部门报送相关资料

考核发证机关应当在每年年底向国务院建设主管部门报送建筑施工特种作业人员考核发证和延期复核情况的年度统计信息资料。

（三）有下列情形之一的，考核发证机关应当撤销资格证书：

1. 持证人弄虚作假骗取资格证书或者办理延期复核手续的；
2. 考核发证机关工作人员违法核发资格证书的；
3. 考核发证机关规定应当撤销资格证书的其他情形。

（四）有下列情形之一的，考核发证机关应当注销资格证书：

1. 依法不予延期的；
2. 持证人逾期未申请办理延期复核手续的；
3. 持证人死亡或者不具有完全民事行为能力的；
4. 考核发证机关规定应当注销的其他情形。

第二节　建筑施工特种作业人员考核内容、程序

住房和城乡建设部办公厅《建筑施工特种作业人员管理规定》（建质〔2008〕75号）和《关于建筑施工特种作业人员考核工作的实施意见》（建办质〔2008〕41号），规定了建筑施工特种

作业人员主要考核内容。

一、考核目的

为提高建筑施工特种作业人员的素质，防止和减少建筑施工生产安全事故，通过安全技术理论知识和安全操作技能考核，确保取得《建筑施工特种作业操作资格证书》人员具备独立从事相应特种作业工作能力。

二、考核机关

省、自治区、直辖市人民政府建设主管部门或其委托的考核机构负责本行政区域内建筑施工特种作业人员的考核工作。

三、考核对象

在房屋建筑和市政工程（以下简称"建筑工程"）施工现场从事建筑电工、建筑架子工、建筑起重信号司索工、建筑起重机械司机、建筑起重机械安装拆卸工、高处作业吊篮安装拆卸工以及经省级以上人民政府建设主管部门认定的其他特种作业的人员。

四、考核条件

参加考核人员应当具备下列条件：

1. 年满 18 周岁且符合相应特种作业规定的年龄要求；

2. 近三个月内经二级乙等以上医院体检合格且无妨碍从事相应特种作业的疾病和生理缺陷；

3. 初中及以上学历；

4. 符合相应特种作业规定的其他条件。

五、考核内容

建筑施工特种作业人员考核内容应当包括安全技术理论和安

全操作技能。考核内容分掌握、熟悉、了解三类。其中掌握即要求能运用相关特种作业知识解决实际问题，熟悉即要求能较深理解相关特种作业安全技术知识，了解即要求具有相关特种作业的基本知识。具体考核内容应符合该工种的安全技术考核大纲的要求。

六、考核办法

1. 安全技术理论考核，采用闭卷笔试方式。考核时间为 2 小时，实行百分制，60 分为合格。其中，安全生产基本知识占 25％、专业基础知识占 25％、专业技术理论占 50％。

2. 安全操作技能考核，采用实际操作（或模拟操作）、口试等方式。考核实行百分制，70 分为合格。

3. 安全技术理论考核不合格的，不得参加安全操作技能考核。安全技术理论考试和实际操作技能考核均合格的，为考核合格。

七、其他事项

1. 考核发证机关应当建立健全建筑施工特种作业人员考核、发证及档案管理计算机信息系统，加强考核场地和考核人员队伍建设，注重实际操作考核质量。

2. 首次取得《建筑施工特种作业操作资格证书》的人员实习操作不得少于 3 个月。实习操作期间，用人单位应当指定专人指导和监督作业。指导人员应当从取得相应特种作业资格证书并从事相关工作 3 年以上、无不良记录的熟练工中选择。实习操作期满，经用人单位考核合格，方可独立作业。

八、建筑施工特种作业操作范围

1. 建筑电工：在建筑工程施工现场从事临时用电作业；

2. 建筑架子工（普通脚手架）：在建筑工程施工现场从事落地式脚手架、悬挑式脚手架、模板支架、外电防护架、卸料平台、洞口临边防护等登高架设、维护、拆除作业；

3. 建筑架子工（附着升降脚手架）：在建筑工程施工现场从事附着式升降脚手架的安装、升降、维护和拆卸作业；

4. 建筑起重司索信号工：在建筑工程施工现场从事对起吊物体进行绑扎、挂钩等司索作业和起重指挥作业；

5. 建筑起重机械司机（塔式起重机）：在建筑工程施工现场从事固定式、轨道式和内爬升式塔式起重机的驾驶操作；

6. 建筑起重机械司机（施工升降机）：在建筑工程施工现场从事施工升降机的驾驶操作；

7. 建筑起重机械司机（物料提升机）：在建筑工程施工现场从事物料提升机的驾驶操作；

8. 建筑起重机械安装拆卸工（塔式起重机）：在建筑工程施工现场从事固定式、轨道式和内爬升式塔式起重机的安装、附着、顶升和拆卸作业；

9. 建筑起重机械安装拆卸工（施工升降机）：在建筑工程施工现场从事施工升降机的安装和拆卸作业；

10. 建筑起重机械安装拆卸工（物料提升机）：在建筑工程施工现场从事物料提升机的安装和拆卸作业；

11. 高处作业吊篮安装拆卸工：在建筑工程施工现场从事高处作业吊篮的安装和拆卸作业。

九、各特殊工种的技术考核大纲的主要内容

各特殊工种的技术考核大纲包括的内容：安全技术理论、安全操作技能。

安全技术理论分为：安全生产基本知识、专业基础知识、专业技术理论。

安全生产基本知识具体内容如下：

1. 了解建筑安全生产法律法规和规章制度；

2. 熟悉有关特种作业人员的管理制度；

3. 掌握从业人员的权利义务和法律责任；

4. 熟悉高处作业安全知识；

5. 掌握安全防护用品的使用；

6. 熟悉安全标志、安全色的基本知识；

7. 熟悉施工现场消防知识；

8. 了解现场急救知识；

9. 熟悉施工现场安全用电基本知识。

各工种应考核的安全技术理论的专业基础知识和专业技术理论及安全操作技能的要求应符合相关规定。

第三节　劳动纪律

劳动纪律又称职业纪律，是指劳动者在劳动过程中所应遵循的劳动规则和劳动秩序。劳动纪律是用人单位为形成和维持生产经营秩序，保证劳动合同得以履行，要求全体员工在集体劳动、工作、生活过程中，以及与劳动、工作紧密相关的其他过程中必须共同遵守的规则。它要求每个劳动者按照规定的时间、质量、程序和方法完成自己应承担的工作。

一、制定劳动纪律的意义

从其内涵可知，劳动纪律的目的是保证生产、工作的正常运行；劳动纪律的本质是全体员工共同遵守的规则；劳动纪律的作用是实施于集体生产、工作、生活的过程之中。劳动纪律是劳动者应当履行规定的义务，也是企业正常生产、生活秩序的重要保证。

遵守劳动纪律，一方面从劳动者的角度而言，遵守劳动纪律有利于保护其生命安全和身体健康，制定和遵守劳动纪律是对劳动者利益的保护，因此，劳动者有遵守劳动纪律的主动性和自觉性；另一方面从用人单位的角度而言，制定劳动纪律有利于保证生产和经营的安全有效。制定和遵守劳动纪律也是对用人单位利益的保护，因此，用人单位有权在法律允许的情况下制定劳动纪律，并对违反劳动纪律的劳动者进行处理。

二、制定劳动纪律的依据

我国《宪法》明文规定："中华人民共和国公民必须遵守劳动纪律"。《劳动法》也规定："劳动者应当遵守劳动纪律和职业道德……"。其他相关法律法规同时规定："企业实行奖惩制度，必须把思想政治工作同经济手段结合起来。"对遵守劳动纪律的职工应当进行表扬、奖励，对不遵守劳动纪律的职工进行批评、教育，严重的可以给予处分直至辞退。

遵守劳动纪律首先表现为遵纪守法，遵纪守法是用人单位对从业人员的基本要求，也是从业人员的基本义务和必备素质。每个人都应该要做到遵纪守法，做到学法、知法、守法、用法，遵守企业各项纪律和规范。在生产劳动过程中劳动者要不断增强国家主人翁责任感，兢兢业业、勤勤恳恳地劳动，保质保量地完成规定的生产任务，自觉地遵守劳动纪律，维护工作制度和生产秩序。

三、制定劳动纪律的目的

随着建筑工程结构的日益复杂，层高逐渐增加，施工中各种新设备、新材料、新工艺等得到广泛应用，这些对施工技术的要求越来越高，用人单位根据工作实际编制的规章制度、操作规程、劳动纪律等，都是确保安全生产必要的手段。这就要求每个劳动者严格遵守劳动纪律，以保证集体劳动的协调一致，从而提高劳动生产率，保证产品质量。劳动者应掌握扎实的职业技能和相关专业知识，严格遵守企业的规章制度，服从企业的安排，维护企业形象，力争为企业创造更大的利润，为企业的生存和发展做出贡献，维护企业和自身利益的同时，履行法律要求劳动者承担的义务。

四、全体职工必须严格遵守和执行劳动纪律的范畴大致包括以下内容：

1. 严格履行劳动合同及违约应承担的责任（履约纪律）。

2. 认真学习并严格执行安全技术操作规程，遵守安全生产规章制度（安全卫生纪律）。

3. 根据生产、工作岗位职责及规则，按质、按量完成工作任务（生产、工作纪律）。积极参加各项安全生产活动，认真执行安全技术交底要求，不违章作业，不违反劳动纪律，虚心服从安全生产管理人员的监督指导。

4. 发扬团结友爱精神，在安全生产方面做到互相帮助，互相监督，做到"三不伤害"，维护一切安全设施、设备，保持正常运转，做到正确使用，不准随意拆改，爱护公共财产和物品（日常工作生活纪律）。

5. 对不安全的作业环境和作业过程提出意见或建议，对违章作业进行监督、检举、控告，有权拒绝违章指挥。

6. 保守用人单位的商业秘密和技术秘密（保密纪律）。

7. 按规定的时间、地点到达工作岗位，按要求请休事假、病假、年休假、探亲假等（考勤纪律）。遵纪奖励与违纪惩罚规则（奖惩制度）。

8. 与劳动、工作紧密相关的规章制度及其他规则（其他纪律）。

第四节　职业道德

一、职业道德

职业道德，是指从业人员在职业活动中应该遵循的行为准则，是一定职业范围内特殊道德要求，即整个社会对从业人员的职业观念、职业态度、职业技能、职业纪律和职业作风等方面的行为标准和要求是在特定的工作和劳动中以其内心信念和特殊社会手段来维系的，以善恶进行评价的心理意识、行为原则和行为规范的总和，它是人们在从事职业活动的过程中形成的一种内在的、非强制性的约束机制。是适应各种职业的要求而必然产生的道德规范，是社会占主导地位的道德或阶级道德在职业生活中的具体体现，是人们在履行本职工作过程中所应遵循的行为规范和准则。

职业道德是在职业生活中形成和发展，调节职业活动中的特殊道德关系和利益矛盾，它是一般社会道德在职业活动中的体现，其基本要求是忠于职守，并对社会负责，从业人员在职业活动中应当遵循的道德。

二、建筑行业职业道德

建筑系统工作人员在生产、施工实践中所应遵循的基本行为规范，是建筑工人、工程设计人员及其指挥人员的行为准则。建筑行业是社会主义现代化建设中的一个十分重要的行业。工厂、住宅、学校、商店、医院、体育场馆、文化娱乐设施等的建设，都离不开建筑行为。它以满足人民群众日益增长的物质文化生活需要为出发点。建筑行业职业道德是社会主义职业道德之一，是社会主义道德、共产主义道德规范在建筑行业的具体体现。

　　建筑工人职业道德基本规范包括忠于职守、热爱本职、质量第一、信誉至上、遵纪守法等。建筑行业的职业守则一般内容如下：

　　1. 热爱社会主义祖国、热爱人民，树立全心全意为人民服务的思想。一切建筑工程的设计、施工，都必须从广大人民群众的根本利益出发，既要立足于发展生产、美化环境、改善人民生活，又不能脱离国情。

　　2. 认真履行自己的工作职责，保质保量地完成自己应予承担的各项任务；工作要踏实认真，一丝不苟，精益求精，严格按照精心设计的图纸和设计要求科学组织施工，确保工程质量。"百年大计，质量第一"，一切都要向人民负责，向用户负责。施工中在原材料使用和设备安装，不以次充好，不偷工减料。

　　3. 热爱劳动，不怕吃苦，注意节约，不浪费原材料，以主人翁的态度做好自己负责的工作。自觉接受和分担任务，工作认真负责，精益求精，尽量避免因失误和疏忽而给同事带来被动和麻烦，若出现要及时予以补救并诚恳地道歉。

　　4. 严格遵守劳动纪律，遵守企业的各项规章制度，顾全大局，勇挑重担，个人利益服从集体利益和国家利益，暂时利益服从长远利益，局部利益服从整体利益。维护生产秩序，爱岗敬业、诚实守信，做到文明施工，安全施工，保持施工场地的整洁。

　　5. 廉洁奉公，遵纪守法，忠诚老实，讲究信誉。在工作中不以权谋私，不行贿受贿索贿。正确处理个人利益、集体利益与国家利益的关系

　　6. 工程技术人员和工人，以及工人之间要团结友爱，互相学习，取长补短。与人合作使用工作用具和设备时，要多替同事着想，多给同事方便，关心和信任对方，积极帮助对方解决困难，虚心接受批评，认真改正自己的缺点和不足。

7. 努力学习科学文化知识，刻苦钻研生产和施工技术，不断提高业务能力，讲究工作效率。充分发挥主观能动性，积极给领导提出合理化建议，帮助领导排忧解难。

三、劳动纪律与职业道德的联系和区别

在生产劳动过程中，每个人都遵守劳动纪律和职业道德，是保证生产正常进行和提高劳动生产率的需要。劳动纪律和职业道德都是为调解人与人、人与集体之间的劳动关系而产生的，它们之间既相互联系又有区别。

（一）劳动纪律与职业道德的联系

1. 主体相同

虽然劳动纪律和职业道德存在显著的区别，但是它们共同的主体都是劳动者，劳动者在遵守劳动纪律的同时，也应当具有良好的职业道德。

2. 调整对象相同

劳动纪律和职业道德调整的都是劳动者的职业劳动，在劳动者的劳动过程中发挥作用，调整的是同一行为——劳动行为。

3. 最终目的相同

虽然二者的直接目的不同，但是它们的最终目的是一致的，都是为了保证社会主义生产劳动的正常进行，促进劳动生产率的提高，完善科学管理，还可以促进社会主义精神文明建设的发展。

（二）劳动纪律与职业道德的区别

1. 性质不同

劳动纪律属于法律关系的范畴，是一种义务；而职业道德属于思想意识范畴，是一种自律信条，确立正确的人生观是职业道德修养的前提。

2. 直接目的不同

劳动纪律的直接目的是保证劳动者劳动义务的实现，保证劳

动者能按时、按质、按量完成自己的本职工作；而职业道德的直接目的是为了企业实现最佳的经济效益以及实现其他劳动者的合法权益。

3. 实现手段不同

遵守劳动纪律，有时候需要强制的手段，不遵守劳动纪律可能会受到惩罚；职业道德修养要从培养自己良好的行为习惯着手，不断学习先进人物的优秀品质，不断激励自己，提高自己的职业道德水平，违背了职业道德，会受到社会舆论和良心的谴责。

第五节　三级安全教育制度

一、安全教育

安全生产教育工作是安全生产管理的重要手段，要把"安全第一，预防为主，综合治理"的方针真正落到实处，就必须把"以人为本"放在第一位。人是生产中最宝贵的因素，在生产中把保护人的安全和健康放在首位，不允许用人的生命和健康作为代价，去换取建筑产品。

《安全生产法》规定：生产经营单位应当对从业人员进行安全生产教育和培训，保证从业人员具备必要的安全生产知识，熟悉有关的安全生产规章制度和安全操作规程，掌握本岗位的安全操作技能。未经安全生产教育和培训合格的从业人员，不得上岗作业。生产经营单位的特种作业人员必须按照国家有关规定经专门的安全作业培训，取得特种作业操作资格证书，方可上岗作业。作业人员进入新的岗位或者新的施工现场前，应当接受安全生产教育培训。未经教育培训或者教育培训考核不合格的人员，不得上岗作业。

安全教育的形式多种多样，但概括起来可以分为两大类，即一般性教育和特殊性教育。一般性教育是指对施工人员进行有关常识性安全知识教育。一般分为入场三级教育、班前活动教育、周一例会教育等。特殊性教育是指为完成某一特殊工作而进行的专门教育，如：特种作业安全教育、安全技术交底等。

二、三级安全教育

《建筑业企业职工安全培训教育暂行规定》中指出："加强建筑业企业职工安全培训教育工作，增强职工的安全意识和安全防护能力"；同时规定："建筑业企业新进场的工人，必须接受公司、项目（或工区、工程处、施工队，下同）、班组的三级安全培训教育，经考核合格后，方能上岗。"

新进场的人员是指第一次进入建筑施工现场的所有人员。包括合同工、临时工、代训工、实习人员及参加劳动的学生等。

建筑业企业新进场的工人，必须接受公司（或分公司）、项目部（工程处、施工队）、班组的三级安全培训教育，经考核合格后方能上岗。分别由公司进行一级安全教育，项目经理部进行二级安全教育，现场施工员及班组长（或劳务、分包单位代表）进行三级安全教育。

三、三级安全教育的内容和要求

随着科学技术的进步，许多新技术、新工艺、新设备在建筑施工现场得到应用，三级教育的内容有所变化，三级教育时间和内容为：

（一）公司教育：培训教育的时间不得少于15学时，教育内容为：

1. 国家的安全生产方针、政策；

2.安全生产法规、标准和法制观念；

3.施工过程及安全生产规章制度，安全纪律；

4.公司安全生产形势、历史上发生的重大事故，从中吸取教训；

5.事故后如何抢救伤员、排险，保护现场与及时报告。

（二）项目经理部教育：培训教育的时间不得少于 15 学时，教育内容为：

1.本项目施工特点及施工安全基本常识；

2.本项目安全生产制度、规定及安全注意事项；

3.本工种的安全操作规程；

4.机械设备、电气安全及高处作业等安全基本常识；

5.防火、防毒、防尘、防爆知识及紧急情况安全处置和安全疏散知识；

6.防护用品发放标准及防护用具、用品使用的基本常识。

（三）班组教育：培训教育的时间不得少于 20 学时，教育内容为：

1.本班组作业特点及安全操作规程；

2.班组安全活动制度及纪律；

3.爱护和正确使用安全防护装置（设施）及个人劳动用品；

4.本岗位易发生事故的不安全因素及其防范对策；

5.本岗位的作业环境及使用的机械设备、工具的安全要求。

建筑施工企业建立健全新入场工人的三级教育档案，三级教育记录卡必须有教育者和被教育者本人签字，培训教育完成后，应分工种进行考试或考核合格后，方可上岗作业。

通过教育提高现场所有人员的安全意识、安全知识、安全技术和自我保护能力，了解国家有关法律法规、规程以及本公司的安全形势，有关安全生产的规章制度，避免出现安全事故。

第六节　安全技术交底制度

安全技术交底是指导工人安全施工操作的技术文件，是工程项目施工组织设计或专项安全技术方案中的安全技术措施具体落实的要求，一般是针对某一分部分项工程而进行，或采用新工艺、新技术、新设备、新材料而制定的有针对性的安全技术要求。是特殊性安全教育的一种形式，具有一定的针对性、时效性和可操作性，能具体指导工人安全施工。

安全技术交底一般由项目经理部技术管理人员根据工程分部分项工程的特点和具体要求及危险因素编写，是操作者的指令性文件，因此安全技术交底要求针对性强、具有可操作性。

一、安全技术交底的基本要求

《建设工程安全生产管理条例》规定，建设工程施工前，施工单位负责项目管理的技术人员应当对有关安全施工的技术要求向施工作业班组、作业人员做出详细的说明，并经双方签字认可。操作人员应当严格按照交底内容施工。

1. 安全技术交底必须内容具体、明确、有针对性。

2. 技术交底明确分析出工程施工给作业人员带来的潜在的危险因素及应采取的有效的安全技术措施。

3. 安全技术交底实行分级制度，开工前由技术负责人向全体职工进行交底，两个以上施工队或工种配合施工时，要按工程进度交叉作业进行交底，班组长每天要向工人进行施工要求、作业环境的安全交底，在下达施工任务时，必须填写安全技术交底卡。安全技术交底从上到下逐级进行，确保具体操作的交底内容顺利到达班组全体作业人员。

4. 交底人和被交底人分别在安全技术交底上签字，并妥善保管好签字记录。

总之，安全技术交底工作，是施工负责人向施工作业人员指导工作的法律要求，一定要严肃认真，不能流于形式。

二、安全技术交底的内容

工程开工前，项目经理部技术负责人必须将工程概况、施工方法、施工工艺、施工程序、安全技术措施，向承担施工的作业队长、班组长和相关人员进行安全技术交底。作业队长和班组长及时向参加施工的职工认真进行安全技术措施的交底，使广大职工都知道，在什么时候、什么作业应当采取哪些措施，并说明其重要性。结构复杂的分部分项工程施工前，技术负责人应根据施工特点和施工方法，结合施工现场周围环境，从技术上、防护上进行有针对性的、全面的、详细的安全技术交底，一般应包括以下内容：

1. 分部分项工程的作业特点和危险点，针对危险点的措施。

2. 操作者在操作过程中应注意的事项，保证操作者的人身安全。

3. 相应的安全操作规程和相关标准。

4. 建筑机械的安全技术交底，要向操作者交代机械的安全性能及安全操作规程和安全防护措施。

5. 发生生产安全事故后的紧急避难和急救措施。

安全技术交底是在施工组织设计和施工方案的基础上进行的，是按照施工方案的要求，针对作业程序和作业环节进行详细分解，更具有可操作性。交底的内容不能过于单一，千篇一律口号化，注意一定要与施工组织设计和专项安全技术方案保持一致，不能随意发挥和补充。

三、安全技术交底的编写要求及交底方式

安全技术交底由技术人员编制，每个单项工程开始前，技术

负责人向施工员就分部分项工程的安全技术措施进行具体交底，施工员安排分项工程施工生产任务时，向作业人员进行有针对性的安全技术交底，不但要开头讲解，同时应有书面文字材料，准确填写交底部位和交底日期，接受交底的工人，明白交底内容后，在交底书上签字，履行签字手续，不准代签和漏签，一定要纠正只有编制者知道、施工者不知道的现象。安全技术交底一式三份，施工负责人、生产班组、安全员三方各一份。

安全技术交底应满足时间的有效性，同一工种、同一班组、同一工序交底时间不超过一个月。

第七节　班组班前安全活动制度

班组作为企业的基本细胞，其安全工作直接影响企业的安全生产，从某种意义上说：班组安全管理就是企业安全生产管理的第一道防线。

一、班组的安全管理

建筑施工现场点多、线长、面广、流动性大，施工环境复杂，若不加强安全管理就会出现人身伤亡事故，并造成重大经济损失。班组是企业的重要基层组织，是控制事故的前沿阵地，是企业完成各项经济目标的主要承担者和直接实现者。班组安全生产是企业安全管理的重要内容之一，班组的安全管理水平直接影响到企业的综合素质，搞好班组安全管理，是保证企业安全生产的基础。

生产班组的安全生产由班组长全面负责，班组长要兼顾全盘，不仅要做到更要想到，做到凡事超前决策，时时防患未然，合理安排操作面，做好班前教育，团结带领班组员工，并肩携手，共同筑牢安全生产的第一道防线，为企业安全生产提供可靠保证。

班组必须设专职安全员，专职安全员由一些技术好、责任心强的人员担任，在平常的工作中起表率作用，在具体的生产实践中可规范并约束其他人员的不良行为。协助班组长督促本班组人员做好安全工作，建立班组的安全管理组织体系和内部分担制度。形成由班组长、安全员、全体员工共同参与的安全管理体系，就可以及时、有效地纠正班组在日常生产实践中的不良行为，并极大提高安全管理的权威和效力。

在班组的日常管理中将安全工作进行分解，让每一个人都参与和分担一些，像其他生产工作一样，细化到班组的每一个成员。当每一位员工都参与到实际的安全管理工作中，他们的安全知识、安全技能就能得到有效提高，安全意识也就自然而然地树立起来了。

二、班组的班前活动教育

班组班前安全活动，是搞好安全最重要的基础工作，必须当成一项重要工作来抓。

（一）班组班前教育的目的

班组班前教育的目的是提高广大职工的自我保护能力。自我保护能力就是职工对所在的工作岗位的危险程度的认识，对可能出现的不安全因素的判断及能否及时、正确处理即将出现的危害的应变能力。虽然企业制定了一系列的规章制度和操作规程，但不可能包罗万象，不可能规定得那么具体，也不可能对任何操作环节都规定的那么详细，也不可能预知每时每刻发生的具体情况，很多时候是靠当事职工自身的素质和意识来保证安全的。这种素质和意识一方面是靠自身经验的积累，另一方面就是靠接受安全知识教育，来提高安全意识和应变能力。因此要认真开展班前教育，针对具体情况提出具体的安全措施，提高职工安全生产的责任感和自觉性。

（二）班组班前教育的特点

班组在每个工作日开始工作之前将工作内容与安全措施结合起来，认真贯彻"五同时"。班前教育是班组长根据当天的工作任务，结合本班组的人员情况和操作水平、使用的机械、现场条件、工作环境等，在向班组成员布置当天的生产任务时布置安全工作。其特点是时间短、内容集中、针对性强。

（三）班组班前教育的内容

班前教育是一种分析预测活动，班组长要根据前一天任务的完成情况，当天的生产任务特点、当天使用机械设备的状况、人员状况等进行分析，指出不安全的环节，及相应的安全措施。具体内容一般应包括：

1. 交代当天的工作任务，做出分工，指定负责人和监护人；

2. 告知作业环境的情况，应注意的事项；

3. 讲解使用的机械设备和工具的性能和操作技术；

4. 分析危险源，告知可能发生事故的环节、部位和应采取的防护措施；

5. 检查督促班组成员正确穿戴和使用防护用品、用具。

散会前，还要询问每个成员是否已经清楚安全注意事项，对他们提出的问题，耐心地解释，使班组每个成员明白应该做什么，不应该做什么。班前安全教育活动不能流于形式，要扎扎实实地搞好安全活动记录，让记录真正体现活动内容，让活动真正具有针对性，起到一定的启发和教育作用，职工知道得越多，所犯的错误就应该越少，安全防护意识、操作的准确性等方面也都会相应提高。

三、班组班前教育制度

为了切实开展好班组班前安全活动，特制定如下制度：开展

安全生产活动的目的是为了提高职工的安全意识，增强自我保护能力，

1. 班组长必须认真开展班组前安全活动，每天上班前在交代当天生产任务的同时，要有针对性地交代安全，并做好记录备查（作为考核的依据），班组班前活动原则上是每天进行，但每周至少应记录三次。

2. 对不开展班组班前安全活动的班组，应加强教育加深他们对开展班前安全活动的认识、理解其重要性。

3. 班前活动开展得不认真，而是走过场即了事的班组，且无作记录的，根据情节轻重进行批评或处以罚款。

4. 班长、建筑队长（大班长）必须参加工地召开的安全生产会议，接受安全教育。

5. 对班前安全活动开展得好的班组，利用工地黑板专栏等多种形式予以表扬，树立典型，同时可按照《施工现场安全奖罚制度》给予适当的经济奖励。对班前安全活动开展得不好的班组，利用工地黑板专栏给予曝光，同时可按照《施工现场安全奖罚制度》给予适当的经济处罚。

总之，积极推进班组安全教育工作，通过培训教育，使员工掌握标准、执行标准、依标准作业，规范班组的作业行为，可有效强化班组安全管理。

第三章 高处作业安全知识

第一节 高处作业分级

高处作业的范围是相当广泛的，建筑、安装维修以及电力架线等施工中涉及作业大部分都是高处作业。习惯上把架子工从事的登高架设或拆除作业称为登高架设作业，实际是高处作业中的一种。

一、高处作业的定义

1. 定义

国家标准 GB/T 3608—2008《高处作业分级标准》中规定：凡在坠落高度基准面 2m 以上（含 2m）有可能坠落的高处进行的作业，都称为高处作业。

2. 坠落高度基准面

所谓基准面，是指由高处坠落达到的底面。而底面也可能是高低不平的。所以，坠落高度基准面是在可能坠落范围内最低处的水平面称为坠落高度基准面。

3. 基础高度

以作业位置为中心，6m 为半径，划出一个垂直水平面的柱形空间，此柱形空间内最低处与作业位置间的高度差称为基础高度。

4. 可能坠落范围

以作业位置为中心，可能坠落范围为半径划成的与水平面垂直的柱形空间，称为可能坠落范围。

5. 高处作业高度

作业区各作业位置至相应坠落高度基准面的垂直距离中的最大值，称为该作业区的高处作业高度，简称作业高度。

6. 可能坠落范围半径

为确定可能坠落范围而规定的相对于作业位置的一段水平距离称为可能坠落范围半径。其大小取决于与作业现场的地形、地势或建筑物分布等有关的基础高度。

其可能坠落范围半径 R，根据高度 h 不同分别是：

当高度 h 为 2m 至 5m 时，半径 R 为 3m；

当高度 h 为 5m 以上至 15m 时，半径 R 为 4m；

当高度 h 为 15m 以上至 30m 时，半径 R 为 5m；

当高度 h 为 30m 以上时，半径 R 为 6m。

高度 h 为作业位置至其底部的垂直距离。

二、高处作业分级

按照建筑、安装维修等施工特点，人们把不同高度、不同作业环境对作业人员带来的危险程度进行分级，以便于采取不同方式对作业人员进行保护。

高处作业根据高处作业高度分为四级

高处作业高度在 2m 至 5m 时，称为一级高处作业。

高处作业高度在 5m 以上至 15m 时，称为二级高处作业。

高处作业高度在 15m 以上至 30m 时，称为三级高处作业。

高处作业高度在 30m 以上时，称为特级高处作业。

三、高处作业的种类和特殊高处作业的类别

高处作业分为一般高处作业和特殊高处作业两种。

（一）特殊高处作业包括以下几个类别：

1. 在阵风风力六级（风速 10.8m/s）以上的情况下进行的高处作业，称为强风高处作业。

2. 在高温或低温环境下进行的高处作业，称为异温高处作业。

3. 降雪时进行的高处作业，称为雪天高处作业。

4. 降雨时进行的高处作业，称为雨天高处作业。

5. 室外完全采用人工照明时进行的高处作业，称为夜间高处作业。

6. 在接近或接触带电体条件下进行的高处作业，统称为带电高处作业。

7. 在无立足点或无牢靠立足点的条件下进行的高处作业，统称为悬空高处作业。

8. 对突然发生的各种灾害事故进行抢救的高处作业，称为抢救高处作业。

（二）一般高处作业系指除特殊高处作业以外的高处作业。

高处作业高度分为 2～5m、5～15m、15～30m、30m 以上四个区段。

直接引起坠落的客观因素分为 11 种

1. 阵风风力 5 级（风速 8.0m/s）以上；

2.《高温作业分级》（GB/T4200）规定的Ⅱ级或Ⅱ级以上的高温作业；

3. 平均气温等于或低于 5℃的作业环境；

4. 接触冷水温度等于或低于 12℃的作业；

5. 作业场地有冰、雪、霜、水、油等易滑物；

6. 作业场所光线不足，能见度差；

7. 作业活动范围与危险电压带电体的距离小于表 3-1 的规定；

表 3-1　作业活动范围与危险电压带电体的距离

危险电压带电体的电压等级（kV）	距离（m）
≤10	1.7
35	2.0
63～110	2.5
220	4.0
330	5.0
500	6.0

8. 摆动，立足处不是平面或只有很小的平面，即任一边小于500mm 的矩形平面、直径小于 500mm 的圆形平面或具有类似尺寸的其他形状的平面，致使作业者无法维持正常姿势；

9.《体力劳动强度分级》（GB3869）规定的Ⅲ级或Ⅲ级以上的体力劳动强度；

10. 存在有毒气体或空气中含氧量低于 0.195 的作业环境；

11. 可能会引起各种灾害事故的作业环境和抢救突然发生的各种灾害事故。

不存在以上 11 种中的任一种客观危险因素的高处作业按表 3-2规定的 A 类法分级，存在以上 11 种中的一种或一种以上客观危险因素的高处作业按表 3-2 规定的 B 类法分级。见表 3-2。

表 3-2　高处作业分级

分类法	高处作业高度（m）			
	$2 \leqslant h_w \leqslant 5$	$5 \leqslant h_w \leqslant 15$	$15 \leqslant h_w \leqslant 30$	$h_w > 30$
A	Ⅰ	Ⅱ	Ⅲ	Ⅳ
B	Ⅱ	Ⅲ	Ⅳ	Ⅳ

四、高处作业的标记

高处作业的分级以级别、类别和种类标记。

一般高处作业标记时，写明级别和种类；

特殊高处作业标记时，写明级别和类别，种类可省略不写。

例1：三级，一般高处作业。

例2：一级，强风高处作业。

例3：二级，异温、悬空高处作业。

第二节　建筑施工高处作业安全技术规范

为了在建筑施工高处作业中，贯彻安全生产的方针，做到防护要求明确、技术合理和经济适用，制定了《建筑施工高处作业安全技术规范》（JGJ80—2016），自2016年12月1日施行。该规范适用于工业与民用房屋建筑及一般构筑物施工时，高处作业中临边、洞口、攀登、悬空、操作平台及交叉等项作业。

一、高处作业安全要求的基本规定

1. 施工单位在编制施工方案时，必须将预防高处坠落列为安全技术措施的重要内容。安全技术措施及其所需料具，必须列入工程的施工组织设计。施工前，应逐级进行安全技术教育及交底，落实所有安全技术措施和个人劳动防护用品，未经落实时不得进行施工。安全技术措施实施后，由工地技术负责人组织有关人员进行验收，凡验收不合格的或不符合要求的待修整合格后方可投入使用。

2. 凡经医生诊断患有高血压、心脏病、严重贫血、癫痫病以及其他不宜从事高处作业病症的人员，不得从事高处作业。高处作业人员应每年进行一次体检。

3. 攀登和悬空高处作业人员及搭设高处作业安全设施的人员必须接受三级安全教育，经过专业技术培训及专业考试合格，取得特种作业操作证后方可上岗作业。

4. 高处作业人员必须按规定穿戴合格的防护用品，禁止赤脚、穿拖鞋或硬底鞋作业；使用安全带时，必须高挂低用，并系挂在牢固可靠处。

5. 高处作业中的安全标志、工具、仪表、电气设施和各种安全保护装置和设备，必须在施工前加以检查，确认其完好，方能投入使用。施工中发现有缺陷和隐患时，必须及时解决；危及人身安全时，必须停止作业。

6. 施工作业场所有坠落可能的物件，应一律先行撤除或加以固定。

高处作业中所用的物料，均应堆放平稳，不妨碍通行和装卸。工具应随手放入工具袋；作业中的走道、通道板和登高用具，应随时清扫干净；拆卸下的物件及余料和废料均应及时清理运走，不得任意乱置或向下丢弃，传递物件禁止抛掷。

7. 雨天和雪天进行高处作业时，必须采取可靠的防滑、防寒和防冻措施。凡水、冰、霜、雪均应及时清除。

对进行高处作业的高耸建筑物，应事先设置避雷设施。遇有六级以下强风、浓雾等恶劣气候，不得进行露天攀登与悬空高处作业。暴风雪及台风暴雨后，应对高处作业安全设施逐一加以检查，发现有松动、变形、损坏或脱落等现象，应立即修理完善。

8. 高处作业人员应从规定的通道上、下，不得攀爬井架、龙门架、脚手架，更不能乘坐非载人的垂直运输设备上、下。

9. 作为安全措施的各种栏杆、设施、安全网等，不得随意拆除，因作业必需，临时拆除或变动安全防护设施时，必须经施工负责人同意，并采取相应的可靠措施，作业后应立即恢复。

10. 防护棚搭设与拆除时，应设警戒区，并应派专人监护。严禁上下同时拆除。

二、临边作业

在建筑安装施工中，由于高处作业工作面的边缘没有围护设施或虽有围护实施，但其高度低于 800mm 时，在这样的工作面上的作业统称为临边作业。例如：沟边作业，阳台、料台与挑平台周边尚未安装栏杆或栏板时的作业，尚未安装栏杆的楼梯段以及楼层周边尚未砌筑围护等处作业都属于临边作业。施工现场的坑槽作业，深基础作业，对地面上的作业人员也构成临边作业。

在进行临边作业时，必须设置防护栏杆、安全网等防护设施，防止发生坠落事故。对于不同的作业条件，采取的措施要求也不同。

（一）对临边高处作业，必须设置防护措施，并符合下列规定：

1. 基坑周边，尚未安装栏杆或栏板的阳台、料台与挑平台周边，雨篷与挑檐口，无外脚手的屋面与楼层周边及水箱与水塔周边等处，都必须设置防护栏杆。

2. 头层墙高度超过 3.2m 的二层楼面周边，以及无外脚手的高度超过 3.2m 的楼层周边，必须在外围架设安全平网一道。

3. 分层施工的楼梯口和梯段边，必须安装临时护栏。顶层楼梯口应随工程结构进度安装正式防护栏杆。

4. 井架与施工用电梯和脚手架等与建筑物通道的两侧边，必须设防护栏杆。地面通道上部应装设安全防护棚。双笼井架通道中间，应分隔封闭。

5. 各种垂直运输接料平台，除两侧设防护栏杆外，平台口还应设置安全门或活动防护栏杆。

（二）临边防护栏杆杆件的规格及连接要求，应符合下列规定：

1. 毛竹横杆小头有效直径不应小于 70mm，栏杆柱小头直径不应小于 80mm，并需用不小于 16 号的镀锌钢丝绑扎，不应少于 3 圈，并无泻滑。

2. 原木横杆上杆梢径不应小于 70mm，下杆梢径不应小于 60mm，栏杆柱梢径不应小于 75mm，并需用相应长度的圆钉钉紧，或用不小于 12 号的镀锌钢丝绑扎，要求表面平顺和稳固无动摇。

3. 钢筋横杆上杆直径不应小于 16mm，下杆直径不应小于 14mm。钢管横杆及栏杆柱直径不应小于 18mm，采用电焊或镀锌钢丝绑扎固定。

4. 钢管栏杆及栏杆均采用 $\phi48 \times$（2.75～3.5）mm 的管材，以扣件或电焊固定。

5. 以其他钢材如角钢等作防护栏杆杆件时，应选用强度相当的规格，以电焊固定。

（三）搭设临边防护栏杆时，必须符合下列要求：

1. 防护栏杆应由上、下两道横杆及栏杆柱组成，上杆离地高度为 1.0～1.2m，下杆离地高度为 0.5～0.6m. 坡度大于 1：2.2 的层面，防护栏杆应高 1.5m，并加挂安全立网。除经设计计算外，横杆长度大于 2m 时，必须加设栏杆柱。

2. 栏杆柱的固定应符合下列要求：

（1）当在基坑四周固定时，可采用钢管并打入地面 50～70cm 深。钢管离边口的距离不应小于 50cm，当基坑周边采用板桩时，钢管可打在板桩外侧。

（2）当在混凝土楼面、屋面或墙面固定时，可用预埋件与钢管或钢筋焊牢。采用竹、木栏杆时，可在预埋件上焊接 30cm 长的 ∟ 50×5 角钢，其上、下各钻一孔，然后用 10mm 螺栓与竹、木杆件拴牢。

（3）当在砖或砌块等砌体上固定时，可预先砌入规格相适应的 80×6 弯转扁钢作预埋铁的混凝土块，然后用上述方法固定。

3. 栏杆柱的固定及其与横向杆的连接，其整体构造应使防护栏杆在上杆任何处，能经受任何方向的 1000N 外力。当栏杆所处位置有发生人群拥挤、车辆冲击或物件碰撞等可能时，应加大横杆截面或加密柱距。

4. 防护栏杆必须自上而下用安全立网封闭，或在栏杆下边设置严密固定的高度不低于 18cm 的挡脚板或 40cm 的挡脚笆。挡脚板与挡脚笆上如有孔眼，不应大于 25mm；板与笆下边距离底面的空隙不应大于 10mm。

接料平台两侧的栏杆，必须自上而下加挂安全立网或满扎竹笆。

5. 当临边的外侧面临街道时，除防护栏杆外，敞口立面必须采取满挂安全网或其他可靠措施做全封闭处理。

三、洞口作业

在建筑施工过程中，由于管道、设备以及工艺的要求，设置预留的各种孔与洞，都给施工人员带来一定的危险。在洞口附近作业，统称为洞口作业。孔与洞的意思是一样的，只是大小不同。规范中规定：在水平面上短边尺寸小于 250mm 的，在垂直面上高度小于 750mm 的均称为孔；在水平面上短边尺寸等于或大于 250mm，在垂直面上高度等于或大于 750mm 的均称为洞。

洞口作业的防护措施，主要有设置防护栏杆、用遮盖物盖严、设置防护门以及张挂安全网等多种形式。

（一）进行洞口作业以及在因工程和工序需要而产生的，使人与物有坠落危险或危及人身安全的其他洞口进行高处作业时，必须按下列规定设置防护设施：

1. 板与墙的洞口，必须设置牢固的盖板、防护栏杆、安全网或其他防坠落的防护设施。

2. 电梯井口必须设防护栏杆或固定栅门；电梯井内应每隔两层并最多隔 10m 设一道安全网。

3. 钢管桩、钻孔桩等桩孔上口，杯形、条形基础上口，未填土的坑槽，以及人孔、天窗、地板门等处，均应按洞口防护设置稳固的盖件。

4. 施工现场通道附近的各类洞口与坑槽等处，除设置防护设施与安全标志外，夜间还应设红灯示警。

（二）洞口根据具体情况采取设防护栏杆、加盖件、张挂安全网与装栅门等措施时，必须符合下列要求：

1. 楼板、屋面和平台等面上短边尺寸小于 25cm 但大于 2.5cm 的孔口，必须用坚实的盖板盖严。盖板应防止挪动移位。

2. 楼板面等处边长为 25~50cm 的洞口、安装预制构件时的洞口以及缺件临时形成的洞口，可用竹、木等作盖板盖住洞口。盖板须能保持四周搁置均衡，并有固定其位置的措施。

3. 边长为 50~150cm 的洞口，必须设置以扣件扣接钢管而成的网格，并在其上满铺竹笆或脚手板。也可采用贯穿于混凝土板内的钢筋构成防护网，钢筋网格间距不得大于 20cm。

4. 边长在 150cm 以上的洞口，四周设防护栏杆，洞口下张设安全平网。

5. 垃圾井道和烟道，应随楼层的砌筑或安装而消除洞口，或参照预留洞口作防护。管道井施工时，除按上述办理外，还应加设明显的标志。如有临时性拆移，需经施工负责人核准，工作完毕后必须恢复防护设施。

6. 位于车辆行驶道旁的洞口、深沟与管道坑、槽，所加盖板应能承受不小于当地额定卡车后轮有效承载力 2 倍的荷载。

7. 墙面等处的竖向洞口，凡落地的洞口应加装开关式、工具式或固定式的防护门，门栅网格的间距不应大于 15cm，也可采用防护栏杆，下设挡脚板（笆）。

8. 下边沿至楼板或底面低于 80cm 的窗台等竖向洞口，如侧边落差大于 2m 时，应加设 1.2m 高的临时护栏。

9. 对邻近的人与物有坠落危险性的其他竖向的孔、洞口，均应设盖或加以防护，并有固定其位置的措施。

四、攀登作业

在施工现场，借助于登高工具或登高设施，在攀登条件下进行的作业称为攀登作业。攀登作业因作业面窄小，且处于高空，故危险性更大。攀登作业主要利用梯子、高凳、脚手架和结构上的条件进行作业和上、下的，所以对这些用具和设施，在使用前应进行检查，认为符合要求时方可使用。

在实际施工中，攀登作业的安全技术要求如下：

1. 在施工组织设计中应确定用于现场施工的登高和攀登设施。现场登高应借助建筑结构或脚手架上的登高设施，也可采用载人的垂直运输设备。进行攀登作业时可使用梯子或采用其他攀登设施。

2. 柱、梁和行车梁等构件吊装所需的直爬梯及其他登高用拉攀件，应在构件施工图或说明内做出规定。

3. 攀登的用具，结构构造上必须牢固可靠。供人上、下的踏板其使用荷载不应大于 1100N。当梯面上有特殊作业，质量超过上述荷载时，应按实际情况加以验算。

4. 移动式梯子，均应按现行的国家标准验收其质量。

5. 梯脚底部应坚实，不得垫高使用。梯子的上端应有固定措施。立梯工作角度以 $75°±5°$ 为宜，踏板上、下间距以 30cm 为宜，不得有缺档。

6. 梯子如需接长使用，必须有可靠的连接措施，且接头不得超过 1 处。连接后梯梁的强度，不应低于单梯梯梁的强度。

7. 折梯使用时上部夹角以 $35°～45°$ 为宜，铰链必须牢固，并应有可靠的拉撑措施。

8. 固定式直爬梯应用金属材料制成。梯宽不应大于 50cm，支撑应采用不小于∟ 70×6 的角钢，埋设与焊接均必须牢固。梯子顶端的踏棍应与攀登的顶面齐平，并加设 1～1.5m 高的扶手。

使用直爬梯进行攀登作业时，攀登高度以 5m 为宜。超过 2m 时，宜加设护笼，超过 8m 时，必须设置梯间平台。

9. 作业人员应从规定的通道上、下，不得在阳台之间等非规定通道进行攀登，也不得任意利用吊车臂架等施工设备进行攀登。

上、下梯子时，必须面向梯子，且不得手持器物。

10. 钢柱安装登高时，应使用钢挂梯或设置在钢柱上的爬梯。

钢柱的接柱应使用梯子或操作台。操作台横杆高度：当无电焊防风要求时，其高度不宜小于 1m；有电焊防风要求时，其高度不宜小于 1.8m。

11. 登高安装钢梁时，应视钢梁高度，在两端设置挂梯或搭设钢管脚手架。

梁面上需行走时，其一侧的临时护栏横杆可采用钢索，当改用扶手绳时，绳的自然下垂度不应大于 1/20，并应控制在 10cm 以内。

12. 钢层架的安装，应遵守下列规定：

（1）在层架上下弦登高操作时，对于三角形屋架应在屋脊处，梯形层架应在两端，设置攀登时上下的梯架。材料可选用毛竹或原木，踏步间距不应大于 40cm，毛竹梢径不应小于 70mm。

（2）屋架吊装以前，应在上弦设置防护栏杆。

（3）屋架吊装以前，应预先在下弦挂设安全网；吊装完毕后，即将安全网铺设固定。

五、悬空作业

悬空作业是指在周边临空状态下，无立足点或无牢靠立足点的条件下进行的高处作业。因此，进行悬空作业时，需要建立牢固的立足点，并视具体情况配置防护栏杆等安全措施。

一般情况下悬空作业主要是指建筑安装工程中的构件吊装、悬空绑扎钢筋、混凝土浇筑以及安装门窗等多种作业。不包括机械设备及脚手架、龙门架等临时设施的搭设、拆除时的悬空作业。

1. 悬空作业处应有牢靠的立足处，并必须视具体情况配置防护栏网、栏杆或其他安全设施。

2. 悬空作业所用的索具、脚手板、吊篮、吊笼、平台等设备，均需经过技术鉴定或检证方可使用。

3. 构件吊装和管道安装时的悬空作业，必须遵守下列规定：

（1）钢结构的吊装，构件应尽可能地在地面组装，并应搭设进行临时固定、电焊、高强螺栓连接等工序的高空安全设施，随构件同时上吊就位。拆卸时的安全措施，亦应一并考虑和落实。高空吊装预应力钢筋混凝土层架、桁架等大型构件前，也应搭设悬空作业中所需的安全设施。

（2）悬空安装大模板、吊装第一块预制构件、吊装单独的大中型预制构件时，必须站在操作平台上操作。吊装中的大模板和预制构件以及石棉水泥板等屋面板上，严禁站人和行走。

（3）安装管道时必须有已完结构或操作平台为立足点，严禁在安装中的管道上站立和行走。

4. 模板支撑和拆卸时的悬空作业，必须遵守下列规定：

（1）支模应按规定的作业程序进行，模板未固定前不得进行下一道工序。严禁在连接件和支撑件上攀登上下，并严禁在上下同一垂直面上装、拆模板。结构复杂的模板，装、拆应严格按照施工组织设计的措施进行。

（2）支设高度在3m以上的柱模板，四周应设斜撑，并应设操作平台。低于3m的可使用马凳操作。

（3）支设悬挑形式的模板时，应有稳固的立足点。支设临空构筑物模板时，应搭设支架或脚手架。模板上有预留洞时，应在安装后将洞盖没。混凝土板上拆模后形成的临边或洞口，应按本规范有关章节进行防护。

拆模高处作业，应配置登高用具或搭设支架。

5. 钢筋绑扎时的悬空作业，必须遵守下列规定：

（1）绑扎钢筋和安装钢筋骨架时，必须搭设脚手架和马道。

（2）绑扎圈梁、挑梁、挑檐、外墙和边柱等钢筋时，应搭设操作台架和张挂安全网。

悬空大梁钢筋的绑扎，必须在满铺脚手板的支架或操作平台上操作。

（3）绑扎立柱和墙体钢筋时，不得站在钢筋骨架上或攀登骨架上下。3m以内的柱钢筋，可在地面或楼面上绑扎，整体竖立。绑扎3m以上的柱钢筋，必须搭设操作平台。

6. 混凝土浇筑时的悬空作业，必须遵守下列规定：

（1）浇筑离地2m以上框架、过梁、雨篷和小平台时，应设操作平台，不得直接站在模板或支撑件上操作。

（2）浇筑拱形结构，应自两边拱脚对称地相向进行。浇筑储仓，下口应先行封闭，并搭设脚手架以防人员坠落。

（3）特殊情况下如无可靠的安全设施，必须系好安全带并扣好保险钩，或架设安全网。

7. 进行预应力张拉的悬空作业时，必须遵守下列规定：

（1）进行预应力张拉时，应搭设站立操作人员和设置张拉设备的牢固可靠的脚手架或操作平台。

雨天张拉时，还应架设防雨篷。

（2）预应力张拉区域标示明显的安全标志，禁止非操作人员进入。张拉钢筋的两端必须设置挡板。挡板应距所张拉钢筋的端部1.5～2m，且应高出最上一组张拉钢筋0.5m，其宽度应距张拉钢筋两外侧各不小于1m。

（3）孔道灌浆应按预应力张拉安全设施的有关规定进行。

8. 悬空进行门窗作业时，必须遵守下列规定：

（1）安装门、窗，油漆及安装玻璃时，严禁操作人员站在樘子、阳台栏板上操作。门、窗临时固定，封填材料未达到强度，以及电焊时，严禁手拉门、窗进行攀登。

（2）在高处外墙安装门、窗，无外脚手时，应张挂安全网。无安全网时，操作人员应系好安全带，其保险钩应挂在操作人员上方的可靠物件上。

（3）进行各项窗口作业时，操作人员的重心应位于室内，不得在窗台上站立，必要时应系好安全带进行操作。

六、操作平台

施工现场有时为了弥补脚手架的不足而搭设了各种操作平台或操作架，以供人员作业或堆放材料、大型工具。操作平台有移动式平台和悬挑式平台。当平台高度超过 2m 时，应在四周装设防护栏杆。

（一）移动式操作平台必须符合的规定

1. 操作平台应由专业技术人员按现行的相应规范进行设计，计算书及图纸应编入施工组织设计。

2. 操作平台的面积不应超过 $10m^2$，高度不应超过 5m，还应进行稳定验算，并采用措施减少立柱的长细比。

3. 装设轮子的移动式操作平台，轮子与平台的接合处应牢固可靠，立柱底端离地面不得超过 80mm.

4. 操作平台可用 ϕ（48～51）×3.5mm 钢管以扣件连接，亦可采用门架式或承插式钢管脚手架部件，按产品使用要求进行组装。平台的次梁，间距不应大于 40cm；台面应满铺 3cm 厚的木板或竹笆。

5. 操作平台四周必须按临边作业要求设置防护栏杆，并应布置登高扶梯。

（二）悬挑式钢平台必须符合的规定

1. 悬挑式钢平台应按现行的相应规范进行设计，其结构构造应能防止左右晃动，计算书及图纸应编入施工组织设计。

2. 悬挑式钢平台的搁支点与上部拉结点，必须位于建筑物上，不得设置在脚手架等施工设备上。

3. 斜拉杆或钢丝绳，构造上宜两边各设前后两道，两道中的每一道均应作单道受力计算。

4. 应设置 4 个经过验算的吊环。吊运平台时应使用卡环，不得使吊钩直接钩挂吊环。吊环应用甲类 3 号沸腾钢制作。

5. 钢平台安装时，钢丝绳应采用专用的挂钩挂牢，采取其他方式时卡头的卡子不得少于 3 个。建筑物锐角利口围系钢丝绳处应加衬软垫物，钢平台外口应略高于内口。

6. 钢平台左右两侧必须装置固定的防护栏杆。

7. 钢平台吊装，需待横梁支撑点电焊固定，接好钢丝绳，调整完毕，经过检查验收，方可松卸起重吊钩，上下操作。

8. 钢平台使用时，应有专人进行检查，发现钢丝绳有锈蚀损坏时应及时调换，焊缝脱焊应及时修复。

（三）操作平台的容许荷载值

操作平台上应显著地标明容许荷载值。操作平台上人员和物料的总质量，严禁超过设计的容许荷载，应配备专人加以监督。

七、交叉作业

由于施工现场的施工工艺复杂、人员多、操作面大，不可避免地会发生多工种同时作业的现象，形成交叉作业，由于交叉作业会给作业人员带来极大的危险性，在安排生产时尽量避免交叉作业，同时必须满足如下要求：

1. 支模、粉刷、砌墙等各工种进行上下立体交叉作业时，不得在同一垂直方向上操作。下层作业的位置，必须处于依上层高度确定的可能坠落范围半径之外。不符合以上条件时，应设置安全防护层。

2. 钢模板、脚手架等拆除时，下方不得有其他操作人员。

3. 钢模板部件拆除后，临时堆放处离楼层边沿不应小于 1m，堆放高度不得超过 1m。楼层边口、通道口、脚手架边缘等处，严禁堆放任何拆下物件。

4. 结构施工自二层起，凡人员进出的通道口（包括井架、施工用电梯的进出通道口），均应搭设安全防护棚。高度超过 24m 的层次的交叉作业，应设双层防护。

5. 由于上方施工可能坠落物件或处于起重机把杆回转范围之内的通道，在其受影响的范围内，必须搭设顶部能防止穿透的双层防护廊。

八、高处作业安全防护设施的验收

（一）安全防护设施验收

建筑施工进行高处作业之前，应进行安全防护设施的逐项检查和验收，验收合格后，方可进行高处作业。验收也可分层进行，或分阶段进行。安全防护设施，应由单位工程负责人验收，并组织有关人员参加。

（二）安全防护设施的验收应具备的资料

1. 施工组织设计及有关验算数据；

2. 安全防护设施验收记录；

3. 安全防护设施变更记录及签证。

（三）安全防护设施的验收的主要内容

1. 所有临边、洞口等各类技术措施的设置状况；

2. 技术措施所用的配件、材料和工具的规格和材质；

3. 技术措施的节点构造及其与建筑物的固定情况；

4. 扣件和连接件的紧固程度；

5. 安全防护设施的用品及设备的性能与质量是否有合格的验证。

（四）验收记录

安全防护设施的验收应按类别逐项查验，并做出验收记录。凡不符合规定者，必须修整合格后再行查验。施工期内还应定期进行抽查。

第四章 安全防护用品

第一节 安全防护用品的种类、配发对象、标准

劳动防护用品，是指由生产经营单位为从业人员配备的，使其在劳动过程中免遭或者减轻事故伤害及职业危害的个人防护装备。

一、劳动防护用品的种类

根据《安全防护用品分类与代码》的规定，我国实行以人体保护部位划分的分类标准，根据防护的部位，劳动防护用品分为九类：

（一）头部防护用品

头部防护用品是为防御头部不受外来物体打击和其他因素危害而采用的个人防护用品。

根据防护功能要求，目前主要有普通工作帽、防尘帽、防水帽、防寒帽、安全帽、防静电帽、防高温帽、防电磁辐射帽、防昆虫帽等九类产品。

（二）呼吸器官防护用品

呼吸器官防护用品是为防止有害气体、蒸气、粉尘、烟、雾经呼吸道吸入或直接向配用者供氧或清净空气，保证在尘、毒污染或缺氧环境中作业人员正常呼吸的防护用具。

呼吸器官防护用品按功能主要分为防尘口罩和防毒口罩（面具），按形式又可分为过滤式和隔离式两类。

（三）眼面部防护用品

预防烟雾、尘粒、金属火花和飞屑、热、电磁辐射、激光、化学飞溅等伤害眼睛或面部的个人防护用品称为眼面部防护用品。

根据防护功能，眼、面部防护用品大致可分为防尘、防水、防冲击、防高温、防电磁辐射、防射线、防化学飞溅、防风砂、防强光九类。目前我国生产和使用比较普遍的有 3 种类型：

1. 焊接护目镜和面罩。预防非电离辐射、金属火花和烟尘等的危害。焊接护目镜分普通眼镜、前挂镜、防侧光镜 3 种；焊接面罩分手持面罩、头戴式面罩、安全帽面罩、安全帽前挂眼镜面罩等种类。

2. 炉窑护目镜和面罩。预防炉、窑口辐射出的红外线和少量可见光、紫外线对人眼的危害。炉窑护目镜和面罩分为护目镜、眼罩和防护面罩 3 种。

3. 防冲击眼护具。预防铁屑、灰砂、碎石等外来物对眼睛的冲击伤害。防冲击眼护具分为防护眼镜、眼罩和面罩 3 种。防护眼镜又分为普通眼镜和带侧面护罩的眼镜。眼罩和面罩又分敞开式和密闭式 2 种。

（四）听觉器官防护用品

听觉器官防护用品能够防止过量的声能侵入外耳道，使人耳避免噪声的过度刺激，减少听力损伤，预防噪声对人身引起的不良影响的个体防护用品。

听觉器官防护用品主要有耳塞、耳罩和防噪声头盔三大类。

（五）手部防护用品

具有保护手和手臂的功能，供作业者劳动时戴用的手套称为手部防护用品，通常人们称作劳动防护手套。

根据劳动防护用品分类与代码标准及防护功能将手部防护用品分为 12 类：普通防护手套、防水手套、防寒手套、防毒手套、防静电手套、防高温手套、防 X 射线手套、防酸碱手套、防油手套、防震手套、防切割手套、绝缘手套。

（六）足部防护用品

足部防护用品是防止生产过程中有害物质和能量损伤劳动者足部的护具，通常人们称劳动防护鞋。

国家标准按防护功能将防护鞋分为防尘鞋、防水鞋、防寒鞋、防冲击鞋、防静电鞋、防高温鞋、防酸碱鞋、防油鞋、防烫脚鞋、防滑鞋、防穿刺鞋、电绝缘鞋、防震鞋等 13 类。

（七）躯干防护用品

躯干防护用品就是我们通常讲的防护服。根据防护功能防护服分为普通防护服、防水服、防寒服、防砸背服、防毒服、阻燃服、防静电服、防高温服、防电磁辐射服、耐酸碱服、防油服、水上救生衣、防昆虫服、防风砂等 14 类产品。

（八）护肤用品

护肤用品用于防止皮肤（主要是面、手等外露部分）免受化学、物理等因素的危害。按照防护功能，护肤用品分为防毒、防射线、防油漆及其他类。

（九）防坠落用品

防坠落用品是防止人体从高处坠落，通过绳带，将高处作业者的身体系接于固定物体上或在作业场所的边沿下方张网，以防不慎坠落。这类用品主要有安全带和安全网两种。

二、劳动防护用品的配发标准

为了指导用人单位合理配备、正确使用劳动防护用品，保护劳动者在生产过程中的安全和健康，确保安全生产，国家经贸委依据《中华人民共和国劳动法》，组织制定了《劳动防护用品配备标准（试行）》。在此节选此标准中适用于建筑施工企业的部分内容。

劳动防护用品配备标准

序号	名称典型工种	工作服	工作帽	工作鞋	劳防手套	防寒服	雨衣	胶鞋	眼护具	防尘口罩	防毒护具	安全帽	安全带	护听器
4	仓库保管工	√	√	fz										
13	喷砂工	√	√	fz	√	√	√		jf	cj		√		
16	油漆工	√	√	√		√					√			
17	电工	√	√	fzjy	jy								√	
18	电焊工	zr	zr	fz	√				hj			√		
28	木工	√	√	fzcc	√			√	cj	√	√			
29	砌筑工	√	√	fzcc	√				jf					
31	安装起重工	√	√	fz	√				jf			√	√	
32	筑路工	√	√	fz					jf	fy	√			√
38	配料工	√	√	fz	√									
54	试验工	√	√	√										
55	机车司机	√	√											
56	汽车驾驶员	√	√					√		zw				
57	汽车维修工	√	√	fz						fy				
61	中小型机械操作工	√	√	fz					jf			√		
63	水泥制成工	√	√	fz					jf	fy				
93	建筑石膏制备工	√	√	fz										

注："√"表示该种类劳动防护用品必须配备；字母表示该种类必须配备的劳动防护用还应具有附录 A"防护性能字母对照表"中规定的防护性能。

附录 A 防护性能字母对照表

cc——防刺穿	cj——防冲击	fg——防割
ff——防辐射	fh——防寒	fs——防水
fy——防异物	fz——防砸（1～5）级	hj——焊接护目
hw——防红外	jd——防静电	jf——胶面防砸
jy——绝缘	ny——耐油	sj——耐酸碱
zr——阻燃耐高温	zw——防紫外	

三、劳动防护用品的配发要求

1. 中华人民共和国境内所有企事业和个体经济组织等用人单位必须给所有从业人员配备符合标准规定的劳动防护用品，并指导、督促劳动者在作业时正确使用，保证劳动者在劳动过程中的安全和健康。

2. 用人单位应建立和健全劳动防护用品的采购、验收、保管、发放、使用、更换、报废等管理制度。采购、发放和使用的特种劳动防护用品必须具有安全生产许可证、产品合格证和安全鉴定证。"安技"部门应对购进的劳动防护用品进行验收。

3. 凡从事多种作业或在多种劳动环境中作业的人员，应按其主要作业的工种和劳动环境配备劳动防护用品。如配备的劳动防护用品在从事其他工种作业时或在其他劳动环境中确实不能适用的，应另配或借用所需的其他劳动防护用品。

4. 为一部分工种的作业人员配备防尘口罩，纱布口罩不得作防尘口罩使用。

5. "护听器"是耳塞、耳罩和防噪声头盔的统称，用人单位可根据作业场所噪声的强度和频率，为作业人员配备。

6. 绝缘手套和绝缘鞋除按期更换外，还应做到每次使用前作绝缘性能的检查和每半年做一次绝缘性能复测。

7. 对眼部可能受铁屑等杂物飞溅伤害的工种，使用普通玻璃镜片受冲击后易碎，会引起佩戴者眼睛间接受伤，必须佩戴防冲击眼镜。

8. 建筑、桥梁、船舶、工业安装等高处作业场所必须按规定架设安全网，作业人员根据不同的作业条件合理选用和佩带相应种类的安全带。

9. 同一工种在不同企业、不同气候环境下根据不同的作业环境、不同的实际工作时间和不同的劳动强度等实际情况增发必需的劳动防护用品，并规定使用期限。

10. 生产管理、调度、保卫、安全检查以及实习、外来参观者等有关人员，应根据其经常进入的生产区域，配备相应的劳动防护用品。

第二节　劳动防护用品的使用

劳动防护用品是根据生产工作的实际需要发给个人的，每个职工在生产工作中都应用好它。劳动防护用品是对劳动者本人采取的个人防护性技术措施。劳动防护用品只有正确使用，才能达到真正保护劳动者不受伤害，各种防护用品的使用和维护应注意以下事项：

一、安全帽

（一）安全帽的构造

安全帽主要是为了保护头部不受到伤害的。安全帽由帽壳（帽外壳、帽舌、帽檐）、帽衬（帽箍、顶衬、后箍等）、下颚带三部分组成。制造安全帽的材料有很多种，帽壳可用玻璃钢、塑料、藤条等制作，帽衬可用塑料或棉织带制作。

安全帽的颜色一般以浅色或醒目的颜色为宜。如白色、浅黄色等。

（二）安全帽的规格

1. 尺寸要求

安全帽的尺寸要求为：帽壳内部尺寸、帽舌、帽檐、垂直间距、水平间距、佩戴高度、突出物和透气孔。

帽壳内部　长：195～250mm；宽：170～220mm；高：120～150mm。

帽舌：10～70mm。帽檐：0～70mm，向下倾斜度0°～60°

帽箍：分下列三个号 1 号：610～660mm；2 号：570～600mm；3 号：510～560mm。

水平间距：安全帽在佩戴时，帽箍与帽壳周围空间任何水平点间的距离。水平间距：5～20mm。

垂直距离：安全帽在佩戴时，头顶与帽壳内顶之间的垂直距离（不包括顶筋空间）。其尺寸要求是25～50mm。

佩戴高度：安全帽佩戴时，帽箍底边至头顶部的垂直距离，尺寸要求是80～90mm。

其中垂直间距和佩戴高度是安全帽的两个重要尺寸要求。

垂直间距太小，直接影响安全帽佩戴的稳定性，这两项要求任何一项不合格都会直接影响到安全帽的整体安全性。

2. 质量要求

在保证安全性能的前提下，安全帽的质量越轻越好，可以减少作业人员长时间佩戴引起的颈部疲劳。

小沿、中沿、卷沿安全帽的质量不应超过 430g；

大沿安全帽的质量不应超过 460g；

防寒安全帽的质量不应超过 690g；

以上质量要求均不包括附加的部件。

3. 安全性能要求

安全性能是指安全帽的防护性能，包括基本性能要求和特殊性能要求，是判定安全帽产品合格与否的重要指标。

冲击吸收性能：以 GB 2812 中规定的方法，经低温、高温、淋水预处理后，将安全帽正常戴在头模上，用 5kg 钢锤自 1m 高度自由或导向平稳落下进行冲击试验，传递到头模上的冲击力最大值不超过 4900N（500kgf）。这个值越小，说明安全帽的防冲击的性能就越好。

耐穿刺性能：以 GB 2812 中的规定进行试验。安全帽经低温、高温、淋水预处理后，将安全帽正常戴在头模上，用 3kg 钢锥自 1m 高度自由平稳落下进行试验，钢锥不应与头模表面接触。

特殊技术性能要求：根据特殊用途和实际需要也可以增加一些其他性能要求。如绝缘性能、阻燃性能、侧向刚性、抗静电性能等。

这些性能要求是产品必须达到的指标，无论是生产者、经营者还是使用者都应以此为依据判定安全帽是否可以出厂、销售和使用。

4. 出厂要求

安全帽出厂按批量 2000～20000 顶抽验，一批不足 2000 顶仍以一批计算。企业生产的每一批产品必须经抽样检验合格后才能出厂。

每顶安全帽应有以下四项永久性标志：

（1）制造厂名称、商标、型号；

（2）制造年、月；

（3）生产合格证和检验证；

（4）生产许可证编号。

（三）安全帽的使用

施工现场上，工人们所佩戴的安全帽主要是为了保护头部不受到伤害。它可以在飞来或坠落下来的物体击向头部时、当作业人员从 2m 及以上的高处坠落下来时、当头部有可能触电时、在低矮的部位行走或作业时，头部有可能碰撞到尖锐、坚硬的物体几种情况下保护人的头部不受伤害或降低头部伤害的程度。在使用过程中如果佩戴和使用不正确，就起不到充分的防护作用。一般应注意下列事项：

1. 戴安全帽前应将帽后调整带按自己头型调整到适合的位置，然后将帽内弹性带系牢。缓冲衬垫的松紧由带子调节，人的头顶和帽体内顶部的空间垂直距离一般在 25～50mm 之间，至少不要小于 32mm 为好。这样才能保证当遭受到冲击时，帽体有足够的空间可供缓冲，平时也有利于头和帽体间的通风。

2. 不要把安全帽歪戴，也不要把帽檐戴在脑后方。否则，会降低安全帽对于冲击的防护作用。

3. 安全帽的下颌带必须扣在颌下，并系牢，松紧要适度。这样不至于被大风吹掉，或者是被其他障碍物碰掉，或者由于头的前后摆动，使安全帽脱落。

4. 安全帽体顶部除了在帽体内部安装了帽衬外，有的还开了小孔通风。但在使用时不要为了透气而随便再行开孔。因为这样将会使帽体的强度降低。

5. 由于安全帽在使用过程中，会逐渐损坏，所以要定期检查，检查有没有龟裂、下凹、裂痕和磨损等情况，发现异常现象要立即更换，不准再继续使用。任何受过重击、有裂痕的安全帽，不论有无损坏现象，均应报废。

6. 严禁使用只有下颌带与帽壳连接的安全帽，也就是帽内无缓冲层的安全帽。

7. 施工人员在现场作业中，不得将安全帽脱下，搁置一旁，或当坐垫使用，以防变形，降低防护作用。

8. 由于安全帽大部分是使用高密度低压聚乙烯塑料制成，具有硬化和变蜕的性质，所以不易长时间在阳光下暴晒。

9. 新领的安全帽，首先检查是否有劳动部门允许生产的证明及产品合格证，再看是否破损、薄厚不均，缓冲层及调整带和弹性带是否齐全有效。不符合规定要求的立即调换。

10. 在现场室内作业也要戴安全帽，特别是在室内带电作业时，更要认真戴好安全帽，因为安全帽不但可以防碰撞，而且还能起到绝缘作用。

11. 平时使用安全帽时应保持整洁，不能接触火源，不要任意涂刷油漆，不准当凳子坐，防止丢失。如果丢失或损坏，必须立即补发或更换。无安全帽一律不准进入施工现场。

二、安全带

(一) 安全带的构造

安全带是预防高处作业工人坠落事故的个人防护用品，由带子、绳子和金属配件组成，总称安全带，适用于围杆、悬挂、攀登等高处作业用，不适用于消防和吊物。

安全带按使用方式，分为围杆安全带和悬挂、攀登安全带两类。建筑施工现场登高作业人员常用安全带根据国家标准规定有两种：一种是 J1XY——架子工 I 型悬挂单腰带式（大挂钩）；另一种是 J2XY——架子工 II 型悬挂单腰带式（小挂钩）。

(二) 安全带的规格

1. 安全带和绳必须用锦纶、维纶、蚕丝料。金属配件用普通碳素钢和铝合金。包裹绳子的套用皮革、轻革、维纶或橡胶。

2. 腰带必须是一整根，其宽度为 40～50mm，长度为 1300～1600mm。腰带上附加小袋一个。

3. 护腰带宽度不小于 80mm，长度为 600～700mm。带子接触腰部分垫有柔软材料，外层用织带或轻革包好，边缘圆滑无棱角。

4. 带子缝合线的颜色和带颜色一致。带子颜色主要采用深绿、草绿、橘红、深黄，其次为白色等。

5. 安全绳直径不小于13mm，捻度为8.5～9/100（花/mm）。吊绳、围杆绳直径不小于16mm，捻度为7.5/100（花/mm）。绳头要编成3～4道加捻压股插花，股绳不准有松紧。

6. 金属钩必须有保险装置。金属钩舌弹簧有效复原次数不小于2万次，钩体和钩舌的咬口必须平整，不得偏斜。

7. 金属配件表面光洁，不得有麻点、裂纹；边缘呈圆弧形；表面必须防锈。不符合上述要求的配件，不准装用。

8. 金属配件圆环、半圆环、三角环、8字环、品字环、三道联，不许焊接，边缘呈圆弧形。调节环只允许对接焊。

（三）安全带的技术性能

安全带及其附件是在人体坠落时，用于平衡地拉住人体并限制其下落距离的安全装置，故必须具有足够的强度，以便能经受住由此产生的力。安全带及其金属配件、带、绳必须按照《安全带检验方法》国家标准进行测试，并符合安全带、绳和金属配件的破断负荷指标。

1. 破断拉力

安全带按照国家标准的规定，整体做4412.7N（450kgf）静负荷测试，应无破断。

2. 冲击负荷

悬挂、攀登安全带，以100kg质量拴挂自由坠落，做冲击试验，应无破断。架子工安全带做冲击试验时，应模拟人型并且腰带的悬挂处要抬高1m。以100kg质量作冲击试验，缓冲器在4m冲距内，应不超过8825.4N（900kg）。

（四）出厂要求

验收产品时以1000条为一批（不足时仍按1000条计算），从中抽2条检验，有1条不合格，该批产品不予验收。生产厂检验过的安全带样品不得再出售。

出厂时，每条安全带上应载明的内容：

1. 金属配件上应打上制造厂的代号。

2. 安全带的带体上应缝上永久字样的商标、合格证和检验证。

3. 安全绳上应加色线代表生产厂，以便识别。

4. 合格证应注明：产品名称、生产年月、拉力试验 4412.7N（450kgf）、冲击质量 100kg、制造厂名、检验员姓名等。

5. 每条安全带装在一个塑料袋内。袋上印有：产品名称、生产年月、静负荷 4412.7N（450kgf）、冲击质量 100kg、制造厂名称及使用保管注意事项。

6. 装产品的箱体上应注明：产品名称、数量、装箱日期、体积和质量、制造厂名和送交单位名称。

（五）安全带的使用

建筑施工现场上，高处作业、重叠交叉作业非常多，为了防止作业者在某个高度和位置上可能出现的坠落，作业者在登高和高处作业时，必须系挂好安全带。安全带的使用和维护有以下几点要求：

1. 思想上必须重视安全带的作用。不能觉得系安全带麻烦，给上下行走带来不方便，特别是一些小活、临时活，认为"有扎安全带的时间活都干完了"。殊不知，事故发生就在一瞬间，所以高处作业必须按规定要求系好安全带。

2. 安全带使用前应检查绳带有无变质、卡环是否有裂纹，卡簧弹跳性是否良好。

3. 高处作业如安全带无固定挂处，应采用适当强度的钢丝绳或采取其他方法。禁止把安全带挂在移动或带尖锐角或不牢固的物件上。

4. 高挂低用。安全带应高挂低用，注意防止摆动碰撞。将安全带挂在高处，人在下面工作就叫高挂低用。这是一种比较安全合理的科学系挂方法，它可以使坠落发生时的实际冲击距离减小。与之相反的是低挂高用，就是安全带拴挂在低处，而人在上面作业。这是一种很不安全的系挂方法，因为当坠落发生时，实际冲击的距离会加大，人和绳都要受到较大的冲击负荷。所以安全带必须高挂低用，杜绝低挂高用。

5. 安全带要拴挂在牢固的构件或物体上，要防止摆动或碰撞，绳子不能打结使用，钩子要挂在连接环上。

6. 安全带绳保护套要保持完好，以防绳被磨损。若发现保护套损坏或脱落，必须加上新套后再使用。

7. 安全带严禁擅自接长使用。如果使用 3m 及以上的长绳时必须要加缓冲器，各部件不得任意拆除。

8. 安全带在使用前要检查各部位是否完好无损。安全带在使用后，要注意维护和保管。要经常检查安全带缝制部分和挂钩部分，必须详细检查捻线是否发生裂断和残损等。

9. 安全带不使用时要妥善保管，不可接触高温、明火、强酸、强碱或尖锐物体，不要存放在潮湿的仓库中保管。

10. 安全带在使用两年后应抽验一次，频繁使用应经常进行外观检查，发现异常必须立即更换。定期或抽样试验用过的安全带，不准再继续使用。

三、护目镜、面罩

防辐射线面罩主要用于焊接作业，防止在焊接过程中产生的强光、紫外线和金属飞屑损伤面部，防毒面具要注意滤毒材料的性能。护目镜、面罩的宽窄大小要适合使用者的脸型，镜片磨损、粗糙、镜架损坏会影响操作人的视力，应立即调换新的。

四、防护手套

1. 厚帆布手套多用于高温、重体力作业。

2. 薄帆布、纱线、分指手套主要用于检修工、起重机司机、配电工等工种。

3. 翻毛皮革长手套主要用于焊接工种。

4. 橡胶或涂橡胶手套主要用于电气等工种。

戴各类手套时，注意不要让手腕裸露出来，以防在作业时焊接火星或其他有害物溅入袖内受到伤害；有被夹挤危险的地方，严禁使用手套。

五、防护鞋

1. 橡胶鞋有绝缘保护作用，主要用于电气、露天作业等岗位。

2. 球鞋有绝缘、防滑保护作用，主要用于检修、电气、起重机等工种。

3. 防滑靴能防止操作人员滑跌。

4. 护趾安全鞋能保护脚趾在物体砸落时不受伤害。

六、绝缘鞋、绝缘手套

1. 绝缘鞋包括：电绝缘皮鞋、布面胶鞋、胶面胶鞋、塑料鞋四大类。

2. 用人单位可根据劳动强度、作业环境不同，合理制定使用期限。但要注意以下几条：一是贮存，自出厂日超过 18 个月，须逐只进行电性能预防性检验；二是凡帮底有腐蚀破损之处，不能再作电绝缘鞋穿用；三是使用中每 6 个月至少进行一次电性能测试，如不合格不可继续使用。

3. 绝缘手套的使用期限，各单位可根据使用频繁度做出规定，但必须要求每次使用之前进行吹气自检，每半年至少做一次电性能测试，如不合格不可继续使用。

第三节　个人劳动保护用品的使用

为加强对建筑施工人员个人劳动保护用品的使用管理，保障施工作业人员安全与健康，根据《中华人民共和国建筑法》《建设工程安全生产管理条例》《安全生产许可证条例》等法律法规，原建设部组织制定了《建筑施工人员个人劳动保护用品使用管理暂行规定》建质［2007］255号文，该规定从2007年11月5日实施。

建筑施工现场所使用的最基本、最简单、最实用的劳动防护用品就是"三宝"，但往往也最容易被人们忽略，施工操作不戴安全帽、高处作业不戴安全带的现象时有发生，造成的后果也不堪设想。在建筑施工现场，被落物砸伤、高空坠落的事故一旦发生，就会造成巨大的经济损失和人员伤亡。所以，一定要正确对待劳动防护用品的使用和管理。

一、一般规定

（一）个人劳动保护用品

个人劳动保护用品是指在建筑施工现场，从事建筑施工活动的人员使用的安全帽、安全带以及安全（绝缘）鞋、防护眼镜、防护手套、防尘（毒）口罩等个人劳动保护用品。

（二）劳动保护用品的发放和管理

劳动保护用品的发放和管理，坚持"谁用工，谁负责"的原则。施工作业人员所在企业（包括总承包企业、专业承包企业、劳务企业等，下同）必须按国家规定免费发放劳动保护用品，更换已损坏或已到使用期限的劳动保护用品，不得收取或变相收取任何费用。劳动保护用品必须以实物形式发放，不得以货币或其他物品替代。

二、对企业的要求

(一) 企业应建立健全有关制度

企业应建立完善劳动保护用品的采购、验收、保管、发放、使用、更换、报废等规章制度。同时建立健全相应的管理台账，明确个人劳动保护用品的发放范围、发放的种类、劳动防护用品的使用年限等。管理台账保存期限不得少于两年，以保证劳动保护用品的质量具有可追溯性。

企业按照劳动保护用品采购管理制度的要求，明确企业内部有关部门、人员的采购管理职责。企业在一个地区组织施工的，可以集中统一采购；对企业工程项目分布在多个地区，集中统一采购有困难的，可由各地区或项目部集中采购。

采购的劳动防护用品进入施工现场时，企业要严格按照标准要求进行验收，验收必须有专职安全管理人员参加，必要时，对进入施工现场的安全帽、安全带、绝缘鞋等进行技术性能的检测，填写检测记录。

(二) 劳动防护用品的质量要符合标准

企业采购、个人使用的安全帽、安全带及其他劳动防护用品等，必须符合《安全帽》(GB 2811)、《安全带》(GB 6095) 及其他劳动保护用品相关国家标准的要求。

企业、施工作业人员，不得采购和使用无安全标记或不符合国家相关标准要求的劳动保护用品。

企业采购劳动保护用品时，应查验劳动保护用品生产厂家或供货商的生产、经营资格，验明商品合格证明和商品标识，以确保采购劳动保护用品的质量符合安全使用要求。特种劳动防护用品还应具备安全标识。

企业应当向劳动保护用品生产厂家或供货商索要法定检验机

构出具的检验报告或由供货商签字盖章的检验报告复印件，不能提供检验报告或检验报告复印件的劳动保护用品不得采购。

从业人员对企业提供的不合格劳动保护用品有权拒绝使用。

（三）对从业人员进行正确使用劳动防护用品的教育

1. 安全教育

随着建筑业的发展，进入施工现场的农民工越来越多，他们大多数文化水平不高，安全意识不强，对安全防护知识了解甚少，为了让他们正确使用安全防护用品，企业应加强对施工作业人员的教育培训，保证施工作业人员能正确使用劳动保护用品。工程项目部应有教育培训的记录，有培训人员和被培训人员的签名和时间。也就是说，施工作业人员有接受安全教育培训的权利，有按照工作岗位规定使用合格的劳动保护用品的权利。

2. 安全检查

为了督促从业人员正确佩戴和使用劳动防护用品，企业应定期进行劳动防护用品使用的专项检查，加强对施工作业人员劳动保护用品使用情况的检查，并对施工作业人员劳动保护用品的质量和正确使用负责。实行施工总承包的工程项目，施工总承包企业应加强对施工现场内所有施工作业人员劳动保护用品的监督检查。督促相关分包企业和人员正确使用劳动保护用品。

三、对建设工程各方责任主体的规定

（一）监理单位的安全责任

监理单位的工作人员首先做到进入施工现场必须佩戴安全帽。其次监理单位要加强对施工现场劳动保护用品的监督检查。发现施工企业有不使用、或使用不符合要求的劳动保护用品，应责令相关企业立即改正。对拒不改正的，应当向建设行政主管部门报告。

（二）建设单位的安全责任

施工企业购买劳动防护用品，就必须进行安全投入。建设单位应当及时、足额向施工企业支付安全措施专项经费，并督促施工企业落实安全防护措施，使用符合相关国家产品质量要求的劳动保护用品。

（三）各级主管部门的安全责任

1. 监督检查

各级建设行政主管部门应当加强对施工现场劳动保护用品使用情况的监督管理，发现有不使用或使用不符合要求的劳动保护用品的违法违规行为的，应当责令改正；对因不使用或使用不符合要求的劳动保护用品造成事故或伤害的，应当依据《建设工程安全生产管理条例》和《安全生产许可证条例》等法律法规，对有关责任方给予行政处罚。

各级建设行政主管部门应将企业劳动保护用品的发放、管理情况列入建筑施工企业《安全生产许可证条例》条件的审查内容之一。为从业人员配备必要的劳动防护用品，是《安全生产许可证条例》要求的必备条件之一。施工企业在申办安全生产许可证时，提供为从业人员配备劳动防护用品的合格证、检测报告、购货发票、购物清单和企业建立的劳动防护用品台账。在施工过程中，施工企业也要确保施工现场所采购的劳动保护用品的质量防护要求，主管部门可以以此作为认定企业是否降低安全生产条件的内容之一；施工作业人员是否正确使用劳动保护用品情况作为考核企业安全生产教育培训是否到位的依据之一。

2. 信息公告制度

各地建设行政主管部门可建立合格劳动保护用品的信息公告制度，为企业购买合格的劳动保护用品提供信息服务。同时依法加大对采购、使用不合格劳动保护用品的处罚力度。

施工现场内，为保证施工作业人员安全与健康所需的其他劳动保护用品可参照本规定执行。

第五章　安全标志、安全色

第一节　安全标志

一、安全标志

安全标志是用以表达特定安全信息的标志，由图形符号、安全色、几何形状（边框）或文字构成。通过颜色和几何形状的组合表达通用的安全信息，并且通过附加图形符号表达特定安全信息的标志。

二、标志类型

安全标志分禁止标志、警告标志、指令标志和提示标志四大类型。

1. 禁止标志：禁止标志的含义是禁止人们不安全行为的图形标志。禁止标志的基本形式是带斜杠的圆边框。

2. 警告标志：警告标志的基本含义是提醒人们对周围环境引起注意，以避免可能发生危险的图形标志。警告标志的基本形式是正三角形边框。

3. 指令标志：指令标志的含义是强制人们必须做出某种动作或采用防范措施的图形标志。指令标志的基本形式是圆形边框。

4. 提示标志：提示标志的含义是向人们提供某种信息（如

标明安全设施或场所等）的图形标志。提示标志的基本形式是正方形边框。提示标志的方向辅助标志：提示标志提示目标的位置时要加方向辅助标志。按实际需要指示左向时，辅助标志应放在图形标志的左方，如指示右向时，则应放在图形标志的右方。

5. 文字辅助标志：文字辅助标志的基本形式是矩形边框。文字辅助标志有横写和竖写两种形式。横写时，文字辅助标志写在标志的下方，可以和标志连在一起，也可以分开。禁止标志、指令标志为白色字；警告标志为黑色字。禁止标志、指令标志衬底色为标志的颜色，警告标志衬底色为白色。竖写时，文字辅助标志写在标志杆的上部。禁止标志、警告标志、指令标志、提示标志均为白色衬底，黑色字。标志杆下部色带的颜色应和标志的颜色一致。文字字体均为黑体字。

6. 颜色：安全标志所用的颜色应符合 GB2893 规定的颜色。

7. 安全标志牌的其他要求：①安全标志牌要有衬边。除警告标志边框用黄色勾边外，其余全部用白色将边框勾一窄边，即为安全标志的衬边，衬边宽度为标志边长或直径的 0.025 倍。②标志牌的材质：安全标志牌应采用坚固耐用的材料制作，一般不宜使用遇水变形、变质或易燃的材料。有触电危险的作业场所应使用绝缘材料。③标志牌表面质量：除上述要求外，标志牌应图形清楚，无毛刺、孔洞和影响使用的任何瑕疵。

三、安全标志的作用

安全色与安全标志的用途是使人们迅速地注意到影响安全和健康的对象和场所，并使特定信息得到迅速理解。尤其安全标志是传递与安全和健康有关的信息。

第二节 安全色

《安全色》（GB 2893）标准规定了传递安全信息的颜色、安全色的使用方法和测试方法。适用于工业企业、交通运输、建筑、消防、仓库、医院及剧场等公共场所使用的信号和标志的表面色。《安全色使用导则》作为该标准的附录。

一、安全色

1. 定义

安全色：传递安全信息含义的颜色，包括红、蓝、黄、绿四种颜色。

对比色：使安全色更加醒目的反衬色，包括黑、白两种颜色。

2. 颜色表征

（1）安全色

红色：表示禁止、停止、危险以及消防设备的意思。凡是禁止、停止、消防和有危险的器件或环境均应涂以红色的标记作为警示的信号。

蓝色：表示指令，要求人们必须遵守的规定。

黄色：表示提醒人们注意。凡是警告人们注意的器件、设备及环境都应以黄色表示。

绿色：表示给人们提供允许、安全的信息。

（2）对比色

安全色与对比色同时使用时，应按表5-1规定搭配使用。

表 5-1   安全色和对比色

安全色	对比色
红色	白色
蓝色	白色
黄色	黑色
绿色	白色

注：黑色与白色互为对比色。

黑色：黑色用于安全标志的文字、图形符号和警告标志的几何边框。

白色：白色作为安全标志红、蓝、绿的背景色，也可用于安全标志的文字和图形符号。

（3）安全色与对比色的相间条纹

红色与白色相间条纹：表示禁止人们进入危险的环境。

黄色与黑色相间条纹：表示提示人们特别注意的意思。

蓝色与白色相间条纹：表示必须遵守规定的信息。

绿色与白色相间的条纹：与提示标志牌同时使用，更为醒目地提示人们。

（4）技术要求：用各种材料制作的标志面应符合色度和光度性能要求。

色度性能：标志面的文字、符号、边框及衬底等各种色度均应符合 GB/T 8416 对材料颜色范围的规定。当安全色的各种色度、各角点坐标值偏离色品图所规定的范围，则该颜色不宜作为安全色和对比色使用。

二、安全色使用导则的相关规定

1. 安全色的作用

红色：各种禁止标志（参照 GB 2894 中图形标志）；交通禁令标志（参照 GB 5768）；消防设备标志（参照 GB 13495）；机械

的停止按钮、刹车及停车装置的操纵手柄；机器转动部件的裸露部分，如飞轮、齿轮、皮带轮等轮辐部分；指示器上各种表头的极限位置的刻度；各种危险信号旗等。

黄色：各种警告标志（参照 GB 2894 中图形标志）；道路交通标志和标线（参照 GB 5768）；警戒标记，如危险机器和坑池周围的警戒线等；各种飞轮、皮带轮及防护罩的内壁；警告信号旗等。

蓝色：各种指令标志（参照 GB 2894 中图形标志）；交通指示车辆和行人行驶方向的各种标线等标志（参照 GB 5768 公路标线图）。

绿色：各种提示标志（参照 GB 2894 中 4.4.4 表 4 图形标志）；车间厂房内的安全通道、行人和车辆的通行标志、急救站和救护站等；消防疏散通道和其他安全防护设备标志；机器启动按钮及安全信号旗等。

2. 安全色与对比色相间条纹

红色与白色相间条纹：公路、交通等方面所使用防护栏杆及隔离墩表示禁止跨越；固定禁止标志的标志杆下面的色带等。

黄色与黑色相间条纹：各种机械在工作或移动时容易碰撞的部位，如移动式起重机的外伸腿、起重机的吊钩滑轮侧板、起重臂的顶端、四轮配重；平顶拖车的排障器及侧面栏杆；门式起重和门架下端；剪板机的压紧装置；冲床的划块等有暂时或永久性危险的地方或设置。

要求两种颜色间的宽度应相等，一般为 100mm，但可根据机器大小和安全标志的位置的不同，可采用不同的宽度，在较小的面积上其宽度要适当地缩小，每种颜色不能少于两条，斜度与基准面呈 45°。在设备上其倾斜方向应以设备的中心线为轴线对称方向。有两个相对运动的剪切或挤压棱边上条纹的倾斜方向应相反。

蓝色与白色相间条纹：交通上的指示性导向标志。

绿色与白色相间条纹：固定提示标志杆上的色带。

相间条纹宽度：安全色与对比色相间的条纹宽度应相等，即各占 50％。

3. 使用要求

使用安全色的环境场所，照明光源应接近自然白昼光（如 D56 光源），其照度不应低于相关标准要求。

4. 检查与维修

凡涂有安全色的部位，最少半年至一年检查一次，应经常保持整洁、明亮，如有变色、褪色等不符合安全色范围和逆反射系数低于 70％的要求时，需要及时重涂或更换，以保证安全色的正确、醒目，达到安全的目的。

第六章　施工现场消防知识

第一节　施工现场易燃易爆物品种类、识别、动火要求

一、易燃易爆品

易燃易爆化学危险物品，顾名思义，是指在受热、摩擦、震动、遇潮、化学反应等情况下发生燃烧、爆炸等恶性事故的化学物品。其虽危险，却涵盖了生产生活中的许多领域，如化肥、农药、药品、试剂等等，根据《中华人民共和国消防法》、国家标准 GB12268《危险货物品名表》中的有关规定，"易燃易爆危险物品"系指以燃烧、爆炸为主要特性的压缩气体、液化气体、易燃液体、易燃固体、自燃物品和遇湿易燃物品、氧化剂和有机过氧化物以及毒害品、腐蚀品中部分易燃易爆化学物品。目前常见的、用途较广的有 1000 多种。易燃易爆化学物品具有较大的火灾危险性，一旦发生灾害事故，往往危害大、影响大、损失大，扑救困难等。公安部发布了《易燃易爆化学物品消防安全监督管理办法》，办法中对易燃易爆化学物品的生产、使用、储存、经营、运输的消防监督管理作了具体规定。

二、易燃易爆物品的特性

1. 易燃烧爆炸

易燃气体的主要危险特性就是易燃易爆，处于燃烧浓度范围之内的易燃气体，遇着火源都能着火或爆炸，有的甚至只需极微小能量就可燃爆。易燃气体与易燃液体、固体相比，更容易燃烧，且燃烧速度快，一燃即尽。简单成分组成的气体比复杂成分组成的气体易燃、燃速快、火焰温度高、着火爆炸危险性大。同时，由于充装容器为压力容器，受热或在火场上受热辐射时还易发生物理性爆炸。

2. 扩散性

压缩气体和液化气体由于气体的分子间距大，相互作用力小，所以非常容易扩散，能自发地充满任何容器。气体的扩散性受密度影响：比空气轻的气体在空气中可以无限制地扩散，易与空气形成爆炸性混合物；比空气重的气体扩散后，往往聚集在地表、沟渠、隧道、厂房死角等处，长时间不散，遇着火源发生燃烧或爆炸。掌握气体的密度及其扩散性，对指导消防监督检查，评定火灾危险性大小，确定防火间距，选择通风口的位置都有实际意义。

3. 可缩性和膨胀性

压缩气体和液化气体的热胀冷缩比液体、固体大得多，其体积随温度升降而胀缩。因此容器（钢瓶）在储存、运输和使用过程中，要注意防火、防晒、隔热，在向容器（钢瓶）内充装气体时，要注意极限温度及压力，严格控制充装，防止超装、超温、超压造成事故。

4. 静电性

压缩气体和液化气体从管口或破损处高速喷出时，由于强烈的摩擦作用，会产生静电。带电性也是评定压缩气体和液化气体火灾危险性的参数之一，掌握其带电性有助于在实际消防监督检查中，指导检查设备接地、流速控制等防范措施是否落实。

5. 腐蚀毒害性

主要是一些含氢、硫元素的气体具有腐蚀作用。如氢、氨、硫化氢等都能腐蚀设备，严重时可导致设备裂缝、漏气。对这类气体的容器，要采取一定的防腐措施，要定期检验其耐压强度，以防万一。压缩气体和液化气体，除了氧气和压缩空气外，大都具有一定的毒害性。

6. 窒息性

压缩气体和液化气体都有一定的窒息性（氧气和压缩空气除外）。易燃易爆性和毒害性易引起注意，而窒息性往往被忽视，尤其是那些不燃无毒气体，如二氧化碳、氮气、氦、氩等惰性气体，一旦发生泄漏，均能使人窒息死亡。

7. 氧化性

压缩气体和液化气体的氧化性主要有两种情况：一种是明确列为助燃气体的，如氧气、压缩空气、一氧化二氮；一种是列为有毒气体，本身不燃，但氧化性很强，与可燃气体混合后能发生燃烧或爆炸的气体，如氯气与乙炔混合即可爆炸，氯气与氢气混合见光可爆炸，氟气遇氢气即爆炸，油脂接触氧气能自燃，铁在氧气、氯气中也能燃烧。因此，在消防监督中不能忽视气体的氧化性，尤其是列为有毒气体的氯气、氟气，除了注意其毒害性外，还应注意其氧化性，在储存、运输和使用中要与其他可燃气体分开。

三、施工现场易燃易爆物品的管理

施工现场经常使用氧气、乙炔、油漆、稀料，同时民工食堂大部分临时采用液化石油气作燃料，忽视易燃易爆化学物品的管理，一旦使用及管理方法不当，造成易燃易爆化学物品泄漏，遇到明火，极易造成群死群伤火灾事故。给国家和人民群众的生命财产安全带来极大威胁，施工单位一定要采取有效措施，预防施工现场火灾事故的发生。

（一）合理规划施工现场的消防安全布局，最大限度地减少火灾隐患

1. 要针对施工现场平面布置的实际，合理划分各作业区，特别是明火作业区、易燃、可燃材料堆场，危险物品库房等区域，严格管理，保持通风良好，设立明显的标志，将火灾危险性大的区域布置在施工现场常年主导风向的下风侧或侧风向。

2. 尽量采用难燃性建筑材料，减低施工现场的火灾荷载。木刨花、实验剩余物应及时清除，放在指定地点。

3. 民工宿舍附近要配置一定数量的消防器材，大型建筑工地应设置消防水池以及必要的消防通讯、报警装置。

4. 易燃易爆化学物品必须专人保管，保管员要详细核对产品名称、规格、牌号、质量、数量，查清危险性质。遇有包装不良、质量异变、标号不符等情况，应及时进行安全处理。

（二）施工单位要认真贯彻落实《机关、团体、企业、事业单位消防安全管理规定》（公安部令第61号），实行严格的消防安全管理。

1. 确定法定代表人或者非法人单位的安全负责人，对施工现场的消防安全工作全面负责，成立义务消防安全组织，负责日常防火巡查工作和对突发事件的处理，同时指定专人负责停工前后的安全巡视检查，重点巡查有无遗留烟头、电气点火源、明火等火种。

2. 对雇佣的临时工必须经过消防安全教育，使其熟知基本的消防常识，会报火警、会使用灭火器材、会扑救初期火灾，特别是要加强对电焊、气焊作业人员的消防安全培训，使之持证

上岗。

3. 加强施工现场的用火管理。要严格落实危险场地动用明火审批制度，易燃易爆化学危险品库房周围严禁吸烟和明火作业。库房内物品应保持一定的间距。氧气、乙炔瓶两者不能混放，焊接作业时要派专人监护，配齐必要的消防器材，并在焊接点附近采用非燃材料板遮挡的同时清理干净其周围可燃物，防止焊渣四处喷溅。

4. 在民工宿舍、员工休息室、危险物品库房等火灾危险处设立醒目的严禁吸烟等消防安全标志，必要时设置吸烟室或指定安全的吸烟地点。

5. 加强施工现场的用电管理。施工单位确定一名经过消防安全培训合格的电工正确合理地安装及维修电气设备，经常检查电气线路、电气设备的运行情况，重点检查线路接头是否良好、有无保险装置、是否存在短路发热、绝缘损坏等现象。

6. 进行定期和不定期的安全检查，查出隐患，要及时整改和上报。如发现不安全的紧急情况，应先停止工作，再报有关部门研究处理。

四、动火注意事项

（一）所有需要动火作业的地点，要制定安全防火措施，配备有消防器材，设专人监督，严格按审批动火手续获得正式批准，取得动火证后方可作业。

（二）根据施工现场情况，划分重点防火区域，专人负责重点部位。

1. 木工棚

棚内配置不少于 2 台泡沫灭火器、0.5m³ 砂池、1m³ 水池、消防桶和铁锹；消防器材不准挪作他用；木工棚每天产生的锯末、刨花安排专人清运，保持清洁；木材烘干炉池建在指定位置，远离火源，并安排专人值班、监督；悬挂禁止烟火标志和防火责任制标牌。

2. 配电室

合理配置、整定，更换各种保护电气，对电路和设备的过载、失压、漏电、短路故障进行可靠保护；电气装置和线路周围不准堆放易燃易爆和强腐蚀介质，不得随便使用火源；在电气装置相对集中的地点，如变电所、配电室、发电机室等配置相应的灭火器材并禁止烟火；加强电气设备相间和极地间绝缘，防止闪烁；设置合理的防雷、避雷措施；严禁带负荷停、送电；在易燃易爆场所选用防爆电气设备。

3. 电气焊作业区

清理施焊现场 10m 内的易燃易爆物品，并采取规定的防护措施；作业人员必须按规定穿戴劳动防护用品；电焊机开关箱及电源线路接线和线路故障排除必须由专业电工进行；电焊机导线应有良好的绝缘，接地线不得接在管道、机床设备和建筑物金属构架或轨道上；电焊机导线长度不宜大于 30m；当导线通过道路时，必须架高或穿入防护管内埋设在地下；电焊钳应有良好的绝缘和隔热能力，电焊钳握柄必须绝缘良好，握柄与导线连接应牢靠，接触良好，连接处应采用绝缘布包好并不得外露；氧气、乙炔存放处严禁火花，不能长时间在阳光下暴晒，两者间距不得少于 10m，且距离明火区 10m 以上；使用乙炔气时要配备阻火器，乙炔瓶表面温度不得超过 40℃。氧气瓶、氧气表、导管、割枪严禁油污。点火须使用规定的点火器；严禁在运行中的压力管道、装有易燃易爆物品的容器和承载受力构件上进行焊接。

4. 宿舍

宿舍内严禁任何人在床铺上吸烟，宿舍内设专人负责监管防火；宿舍内不得安装大于 60W 的照明灯具，不准使用电炉生火做饭，不得使用钨灯照明；使用电褥子和电风扇有专门电工安装插座。

（三）现场设吸烟室，不准在现场防火区域吸烟动火；现场动火，必须距易燃易爆品 10m 以上；高空动火应注意周围及下部有无易燃易爆物，若有则应搬走或用阻火物盖住，若人行通道上部动火，应铺设防火毯；每天完工后，应彻底切断火源。

（四）保存易燃易爆物品处应挂警示牌"严禁烟火"。

第二节　灭火的基本措施

可燃物、助燃物、点火源是燃烧三要素。只有这三个条件同时具备，才可能发生燃烧现象，无论缺少哪一个条件，燃烧都不能发生。三者结合是燃烧的基本条件，预防火灾就是要避免三者结合。而灭火就是破坏三者的结合。不让燃烧"三要素"结合在一起。如果破坏其中任何一个条件，就可以达到灭火的目的。如：隔离热源（火源），使燃烧的可燃物与未燃烧可燃物隔离，破坏火的传导作用，达到灭火目的；断绝或减少燃烧所需要的氧气，使其窒息熄灭；散热降温，使燃烧可燃物的温度降到燃点以下而熄灭。

日常管理中，一旦发生火灾，灭火使用的物品有水、砂子和灭火器等。这些方法都有一定的适用范围和禁止使用的情况，实际工作中要根据具体情况来确定采用哪种方法，一般包括以下几种：

一、冷却灭火法

这种灭火法的原理是将灭火剂直接喷射到燃烧的物体上，以降低燃烧的温度在燃点之下，使燃烧停止。或者将灭火剂喷洒在火源附近的物质上，使其不因火焰热辐射作用而形成新的火点。冷却灭火法是灭火的一种主要方法，常用水和二氧化碳作灭火剂冷却降温灭火。灭火剂在灭火过程中不参与燃烧过程中的化学反应。这种方法属于物理灭火方法。

二、隔离灭火法

隔离灭火法是将正在燃烧的物质和周围未燃烧的可燃物质隔离或移开，中断可燃物质的供给，使燃烧因缺少可燃物而停止。具体方法有：

1. 把火源附近的可燃、易燃、易爆和助燃物品搬走；

2. 关闭可燃气体、液体管道的阀门，以减少和阻止可燃物质进入燃烧区；

3. 设法阻拦流散的易燃、可燃液体；

4. 拆除与火源相毗连的易燃建筑物，形成防止火势蔓延的空间地带。

三、窒息灭火法

窒息灭火法是指阻止空气流入燃烧区或用不燃物质冲淡空气，使燃烧物得不到足够的氧气而熄灭的灭火方法。具体方法是：

1. 用砂土、水泥、湿麻袋、湿棉被等不燃或难燃物质覆盖燃烧物；

2. 喷洒雾状水、干粉、泡沫等灭火剂覆盖燃烧物；

3. 用水蒸气或氮气、二氧化碳等惰性气体灌注发生火灾的容器、设备；

4. 密闭起火建筑、设备和孔洞；

5. 把不燃的气体或不燃液体（如二氧化碳、氮气、四氯化碳等）喷洒到燃烧物区域内或燃烧物上。

第三节　灭火器材的使用

灭火器的种类很多，按其移动方式可分为：手提式和推车式；按驱动灭火剂的动力来源可分为：储气瓶式、储压式、化学反应式；按所充装的灭火剂则又可分为：泡沫、干粉、卤代烷、二氧化碳、酸碱、清水等。各种灭火器适用范围和使用方法如下。

火灾的种类共分为以下六种类型：

A 类火灾：固体物质火灾。这种物质通常具有有机物性质，一般在燃烧时能产生灼热的余烬。

B 类火灾：液体或可熔化的固体物质火灾。

C 类火灾：气体火灾。

D 类火灾：金属火灾。

E 类火灾：带电火灾。物体带电燃烧的火灾。

F 类火灾：烹饪器具内的烹饪物（如动、植物油脂）火灾。

一、手提式泡沫灭火器适用火灾及使用方法

（一）适用范围

适用于扑救一般 B 类火灾，如油制品、油脂等火灾，也可适用于 A 类火灾，但不能扑救 B 类火灾中的水溶性可燃、易燃液体的火灾，如醇、酯、醚、酮等物质火灾；也不能扑救带电设备及 C 类和 D 类火灾。

（二）使用方法

可手提筒体上部的提环，迅速奔赴火场。这时应注意不得使灭火器过分倾斜，更不可横拿或颠倒，以免两种药剂混合而提前喷出。当距离着火点 10m 左右，即可将筒体颠倒过来，一

只手紧握提环，另一只手扶住筒体的底圈，将射流对准燃烧物。在扑救可燃液体火灾时，如已呈流淌状燃烧，则将泡沫由远而近喷射，使泡沫完全覆盖在燃烧液面上；如在容器内燃烧，应将泡沫射向容器的内壁，使泡沫沿着内壁流淌，逐步覆盖着火液面。切忌直接对准液面喷射，以免由于射流的冲击，反而将燃烧的液体冲散或冲出容器，扩大燃烧范围。在扑救固体物质火灾时，应将射流对准燃烧最猛烈处。灭火时随着有效喷射距离的缩短，使用者应逐渐向燃烧区靠近，并始终将泡沫喷在燃烧物上，直到扑灭。使用时，灭火器应始终保持倒置状态，否则会中断喷射。

（手提式）泡沫灭火器存放应选择干燥、阴凉、通风并取用方便之处，不可靠近高温或可能受到暴晒的地方，以防止碳酸分解而失效；冬季要采取防冻措施，以防止冻结；并应经常擦除灰尘、疏通喷嘴，使之保持通畅。

二、推车式泡沫灭火器适用火灾和使用方法

其适用范围与手提式泡沫灭火器相同。

使用方法：使用时，一般由两人操作，先将灭火器迅速推拉到火场，在距离着火点 10m 左右处停下，由一人施放喷射软管后，双手紧握喷枪并对准燃烧处；另一个则先逆时针方向转动手轮，将螺杆升到最高位置，使瓶盖开足，然后将筒体向后倾倒，使拉杆触地，并将阀门手柄旋转 90°，即可喷射泡沫进行灭火。如阀门装在喷枪处，则由负责操作喷枪者打开阀门。

灭火方法及注意事项与手提式化学泡沫灭火器基本相同，可以参照。由于该种灭火器的喷射距离远，连续喷射时间长，因而可充分发挥其优势，用来扑救较大面积的储槽或油罐车等的初起火灾。

三、空气泡沫灭火器适用火灾和使用方法

(一) 适用范围

适用范围基本上与化学泡沫灭火器相同。但抗溶泡沫灭火器还能扑救水溶性易燃、可燃液体的火灾如醇、醚、酮等溶剂燃烧的初起火灾。

(二) 使用方法

使用时可手提或肩扛迅速奔到火场，在距燃烧物 6m 左右，拔出保险销，一手握住开启压把，另一手紧握喷枪；用力捏紧开启压把，打开密封或刺穿储气瓶密封片，空气泡沫即可从喷枪口喷出。灭火方法与手提式化学泡沫灭火器相同。但空气泡沫灭火器使用时，应使灭火器始终保持直立状态，切勿颠倒或横卧使用，否则会中断喷射。同时应一直紧握开启压把，不能松手，否则也会中断喷射。

四、酸碱灭火器适用火灾及使用方法

(一) 适用范围

适用于扑救 A 类物质燃烧的初起火灾，如木、织物、纸张等燃烧的火灾。它不能用于扑救 B 类物质燃烧的火灾，也不能用于扑救 C 类可燃性气体或 D 类轻金属火灾。同时也不能用于带电物体火灾的扑救。

(二) 使用方法

使用时应手提筒体上部提环，迅速奔到着火地点。决不能将灭火器扛在肩上，也不能过分倾斜，以防两种药液混合而提前喷射。在距离燃烧物 6m 左右，即可将灭火器颠倒过来，并摇晃几次，使两种药液加快混合；一只手握住提环，另一只手抓住筒体下的底圈将喷出的射流对准燃烧最猛烈处喷射。同时随着喷射距

离的缩减，使用人应向燃烧处推进。

五、二氧化碳灭火器的使用方法

灭火时只要将灭火器提到或扛到火场，在距燃烧物 5m 左右，放下灭火器、拔出保险销，一手握住喇叭筒根部的手柄，另一只手紧握启闭阀的压把。对没有喷射软管的二氧化碳灭火器，应把喇叭筒往上扳 70°～90°。使用时，不能直接用手抓住喇叭筒外壁或金属连线管，防止手被冻伤。灭火时，当可燃液体呈流淌状燃烧时，使用者将二氧化碳灭火剂的喷流由近而远向火焰喷射。如果可燃液体在容器内燃烧时，使用者应将喇叭筒提起。从容器的一侧上部向燃烧的容器中喷射。但不能将二氧化碳射流直接冲击可燃液面，以防止将可燃液体冲出容器而扩大火势，造成灭火困难。

推车式二氧化碳灭火器一般由两人操作，使用时两人一起将灭火器推或拉到燃烧处，在离燃烧物 10m 左右停下，一人快速取下喇叭筒并展开喷射软管后，握住喇叭筒根部的手柄，另一人快速按逆时针方向旋动手轮，并开到最大位置。灭火方法与手提式的方法一样。

原理：让可燃物的温度迅速降低，并与空气隔离。

好处：灭火时不会贻留下任何痕迹使物品损坏，因此可以用来扑灭书籍、档案、贵重设备和精密仪器等。

注意事项：使用二氧化碳灭火器时，在室外使用的，应选择在上风方向喷射，并且手要放在钢瓶的木柄上，防止冻伤。在室内窄小空间使用的，灭火后操作者应迅速离开，以防窒息。

六、手提式 1211 灭火器使用方法

使用时，应将手提灭火器的提把或肩扛灭火器带到火场。在距燃烧处 5m 左右，放下灭火器，先拔出保险销，一手握住开启把，另一手握在喷射软管前端的喷嘴处。如灭火器无喷射软管，

可一手握住开启压把，另一手扶住灭火器底部的底圈部分。先将喷嘴对准燃烧处，用力握紧开启压把，使灭火器喷射。当被扑救可燃烧液体呈现流淌状燃烧时，使用者应对准火焰根部由近而远并左右扫射，向前快速推进，直至火焰全部扑灭。如果可燃液体在容器中燃烧，应对准火焰左右晃动扫射，当火焰被赶出容器时，喷射流跟着火焰扫射，直至把火焰全部扑灭。但应注意不能将喷流直接喷射在燃烧液面上，防止将可燃液体冲出容器而扩大火势，造成灭火困难。如果扑救可燃性固体物质的初起火灾时，则将喷流对准燃烧最猛烈处喷射，当火焰被扑灭后，应及时采取措施不让其复燃。1211 灭火器使用时不能颠倒，也不能横卧，否则灭火剂不会喷出。另外在室外使用时，应选择在上风方向喷射；在窄小的室内灭火时，灭火后操作者应迅速撤离，因 1211 灭火剂也有一定的毒性，以防对人体的伤害。

七、推车式 1211 灭火器使用方法

灭火时一般由 2 人操作，先将灭火器推或拉到火场，在距燃烧处 10m 左右停下，一人快速放开喷射软管，紧握喷枪，对准燃烧处；另一人则快速打开灭火器阀门。灭火方法与手提式 1211 灭火器相同。

推车式灭火电器的维护要求与手提式 1211 灭火器相同。

八、1301 灭火器的使用

1301 灭火器的使用方法和适用范围与 1211 灭火器相同。但由于 1301 灭火剂喷出呈雾状，在室外有风状态下使用时，其灭火能力没 1211 灭火器高，因此更应在上风方向喷射。

九、干粉灭火器适用火灾和使用方法

碳酸氢钠干粉灭火器适用于易燃、可燃液体、气体及带电设

备的初起火灾；磷酸铵盐干粉灭火器除可用于上述几类火灾外，还可扑救固体类物质的初起火灾。但都不能扑救金属燃烧火灾。

灭火时，可手提或肩扛灭火器快速奔赴火场，在距燃烧处 5m 左右，放下灭火器。如在室外，应选择在上风方向喷射。使用的干粉灭火器若是外挂式储压式的，操作者应一手紧握喷枪，另一手提起储气瓶上的开启提环。如果储气瓶的开启是手轮式的，则向逆时针方向旋开，并旋到最高位置，随即提起灭火器。当干粉喷出后，迅速对准火焰的根部扫射。使用的干粉灭火器若是内置式储气瓶或者是储压式的，操作者应先将压把上的保险销拔下，然后握住喷射软管前端喷嘴部，另一只手将压把压下，打开灭火器进行灭火。有喷射软管的灭火器或储压式灭火器在使用时，一手应始终压下压把，不能放开，否则会中断喷射。

干粉灭火器扑救可燃、易燃液体火灾时，应对准火焰根部扫射，如果被扑救的液体火灾呈流淌状燃烧时，应对准火焰根部由近而远，并左右扫射，直至把火焰全部扑灭。如果可燃液体在容器内燃烧，使用者应对准火焰根部左右晃动扫射，使喷射出的干粉流覆盖整个容器开口表面；当火焰被赶出容器时，使用者仍应继续喷射，直至将火焰全部扑灭。在扑救容器内可燃液体火灾时，应注意不能将喷嘴直接对准液面喷射，防止喷流的冲击力使可燃液体溅出而扩大火势，造成灭火困难。如果当可燃液体在金属容器中燃烧时间过长，容器的壁温已高于扑救可燃液体的自燃点，此时极易造成灭火后再复燃的现象，若与泡沫类灭火器联用，则灭火效果更佳。

使用磷酸铵盐干粉灭火器扑救固体可燃物火灾时，应对准燃烧最猛烈处喷射，并上下、左右扫射。如条件许可，使用者可提着灭火器沿着燃烧物的四周边走边喷，使干粉灭火剂均匀地喷在燃烧物的表面，直至将火焰全部扑灭。

推车式干粉灭火器的使用方法与手提式干粉灭火器的使用相同。

第七章 施工现场急救知识

建筑施工具有危险性大、不安全因素多等特点，在建筑施工过程中发生意外事故很难避免，发生意外事故后，要及时对受到伤害者进行有效的救援，掌握最基本的应急救援常识，可能就会挽救受伤害者一条生命，降低事故的危害程度，减少事故损失，最大限度地保障从业人员的生命安全，减少国家的财产损失。

第一节 报告、报警

施工现场发生伤亡事故后，发现人员应立即报告项目负责人，项目负责人根据具体情况及时上报有关部门或人员，紧急情况下，任何人都可以拨打 110、120 急救电话。拨打报警电话应注意以下事项：

1. 拨打 120 电话时，切勿惊慌失措，保持镇静，讲话要清晰明确，简练易懂。

2. 呼救者讲清楚受伤害者的主要症状和伤情，受伤的时间，已采取的初步急救措施，受伤者的年龄、性别、姓名、联系电话等。

3. 讲清楚事故发生的具体地点、等车的地点，等车的具体地点最好选在路口或有明显标志的地方，尽量提前等待救护车，见到救护车要主动挥手示意接应。

4. 在救护车到来之前不要把受伤者提前搀扶或抬出来，以免影响救治。

5. 讲清楚报告者的姓名、电话号码等联系方式，以便进一步联系。

第二节　外伤急救

现场发生高处坠落、物体打击等事故时通常会发生外伤。这些事故发生时，往往受到高速的冲击力，使人体组织和器官遭到一定程度破坏而引起损伤，通常有多个系统或多个器官的损伤，严重者当场死亡。高空坠落伤除有直接或间接受伤器官表现外，尚可有昏迷、呼吸窘迫、面色苍白和表情淡漠等症状，可导致胸、腹腔内脏组织器官发生广泛的损伤。现场应根据具体情况进行抢救，一般抢救步骤如下：

一、止血

成年人大约有 5000 毫升血液，当伤员出血量达 2000 毫升左右，就会有生命危险，必须紧急对伤员止血。止血的方法有直接压迫止血法、加压包扎法、填塞止血法、指压动脉止血法（用手掌或手指压迫伤口近心端动脉）。止血用品要干净，防止污染伤口；止血带使用不能超过 1 小时，不能用金属丝、线带等作止血带。

二、包扎

目的是固定盖在伤口上的纱布，固定骨折或挫伤，防止骨折部位移位，减轻伤员痛苦，并有压迫止血的作用，还可以保护患处。包扎固定时动作要轻、牢，松紧要适度，皮肤与夹板间要垫一些衣服或毛巾之类的东西，防止因局部受压而引起坏死。包扎材料可用绷带、三角巾或干净的衣服、床单、毛巾等。

具体包扎的方法：

环形法：多用于腕部、肢体粗细相等的部位。首先将绷带做环形缠绕，第一圈环绕稍做斜状，第二、三圈做环形，并将第一圈之斜出一角压于环形圈内，最后用橡皮膏将带尾固定，也可以将带尾剪成两个头，然后打结。

蛇形法：多用于夹板固定，先将绷带按环形法缠绕数圈，按绷带之宽度做间隔斜着上缠或下缠。

螺旋形法：多用于肢体粗细相同处，先按环形法缠绕数圈，上缠每圈盖住前圈 1/3 或 2/3 呈螺旋形。

螺旋反折法：多用于肢体粗细不等处，先按环形法缠绕，待缠到渐粗处，将每圈绷带反折，盖住前圈 1/3 或 2/3，依此由下而上地缠绕。

三、搬运

搬运是急救的重要步骤，搬运方法要根据伤情和各种具体情况而定。但要特别小心保护受伤处，不能使伤口创伤加重。要先固定好再搬运；对昏迷、休克、内出血、内脏损伤和头部创伤的必须用担架或木板搬运，尤其是颈、胸、腰段骨折的伤员，一定要保证受伤部位平直，不能随意摆动。

在止血、包扎、固定和搬运过程中应注意以下事项：

1. 不可将外露的内脏送回腹腔内，应该用干净、消毒的纱布围成一圈保护，或者用干净饭碗扣住已脱出的内脏，再进行包扎。

2. 异物刺入体内，切忌拔出，应该先用棉垫等物将异物固定住再包扎。

3. 绷带打的不能过紧，也不能过松，可以观察身体远心端有没有变凉或水肿现象来进行调节，打结时，不要在伤口上方，也不要在身体背后。

4. 遇有呼吸、心跳停止者先行复苏措施，出血休克者先止血，如有开放性伤口和出血，应先止血和包扎伤口，再进行骨折固定，不要把刺出的断骨送回伤口，以免感染和刺破血管和神经。

5. 固定动作要轻快，最好不要随意移动伤肢或翻动伤员，以免加重损伤，增加疼痛。

6. 固定的夹板或简便材料要长于骨折两端的关节并一起固定，夹板不能与皮肤直接接触，要用棉花或代替品垫好，以防局部受压，并尽可能露出手指或脚趾。

7. 对于脊柱骨折的伤员，急救时可用木板或其他硬板担架搬运，让伤者仰躺。搬运时要轻、稳、快，避免振荡，并随时注意伤者的病情变化。没有担架时，可利用门板、椅子、梯子等制作简单担架运送。无担架、木板需众人用手搬运时，抢救者由3～4人用双手托住伤者的头、胸、骨腰部，切不可单独一人用拉、拽的方法抢救伤者。

8. 如有断肢要立即拾起，把断肢用干净的手绢、毛巾、布片包好，放在没有裂缝的塑料袋或胶皮带内，袋口扎紧。然后在口袋周围放冰块等降温。做完上述处理后，施救人员立即随伤员把断肢送医院，让医生进行断肢再植手术。切记千万不要在断肢上涂碘酒、酒精或其他消毒液。这样会使组织细胞变质，造成不能再植的严重后果。

第三节　触电急救

触电是施工现场的五大伤害之一，对于触电者的急救应分秒必争，具体措施如下：

1. 要使触电者迅速脱离电源，越快越好，关掉电闸，切断电源。无法关断电源时，救援者最好戴上橡皮手套，穿橡胶运动鞋等，用木棒、竹竿等将电线挑离触电者身体。如挑不开电线或其他致触电的带电电器，应用干的绳子套住触电者拖离，使其脱离电流。切忌直接用手去拉触电者，不能因救人心切而忘了自身安全。

2. 若伤者神志清醒，呼吸心跳均自主，应让伤者就地平卧，严密观察，暂时不要站立或走动，防止继发休克或心衰；处理电击伤时，应注意有无其他损伤，如触电后弹离电源或自高空跌下，常并发颅脑外伤、血气胸、内脏破裂、四肢和骨盆骨折等；对电灼伤的伤口或创面不要用油膏或不干净的敷料包敷，而用干净的布包扎，或送医院后待医生处理。

3. 伤者丧失意识时尝试唤醒伤者。触电者呼吸停止时，应就地平卧解松衣扣，通畅气道，立即口对口人工呼吸，具体作法：首先清除口内异物，然后用一只手放在触电者前额，另一只手的手指将其下颌骨向上抬起，两手协同将头部推向后仰，保持伤员气道通畅，救护人员用放在伤员额上的手的手指捏住伤员鼻翼，救护人员深吸气后，与伤员口对口紧合，在不漏气的情况下，先连续大口吹气两次，每次 1～1.5s，如两次吹气后，试颈动脉已有脉搏但无呼吸，再进行 2 次大口吹气，接着进行每 5s 吹气一次（即每分钟 12 次）的人工呼吸。两次吹气后试颈动脉仍无搏动，可判定心跳已经停止，要立即同时进行胸外挤压。胸外挤压的具体作法：让触电伤员仰面躺在平硬的地方，救护人员立或跪在伤员一侧肩旁，救护人员的两肩位于伤员胸骨正上方，两臂伸直，肘关节固定不屈，两手掌根相叠置于胸骨上，手指翘起，不接触伤员胸壁，以髋关节为支点，利用上身的重力，垂直将正常成人胸骨压陷 3～5cm（儿童或瘦弱者酌减）后，立即全部放松，放松时救护人员的掌根不得离开胸壁。胸外按压要以均速进行，每分钟 80 次左右，每次按压和放松的时间相等。

4. 若发现其心跳和呼吸均已经停止，应立即采取口对口人工呼吸和胸外心脏按压相结合的心肺复苏法进行抢救，现场抢救最好能两人分别施行口对口人工呼吸及胸外心脏按压，以 1：5 的比例进行，即人工呼吸 1 次，心脏按压 5 次。如现场抢救仅有 1 人，用 15：2 的比例进行胸外心脏按压和人工呼吸，即先作胸外心脏按压 15 次，再口对口人工呼吸 2 次，如此交替进行，抢救一定要坚持到底。一般抢救时间不得少于 60～90min。直到使触电者恢复呼吸、心跳，或确诊已无生还希望时为止。

注意：

1. 除开始时大口吹气两次外，正常口对口的吹气量不要过大，以免引起胃膨胀。

2. 现场抢救中，要每隔数分钟进行一次判断，判断时间不得超过 5～7s，不要随意移动伤员，若确需移动时，抢救中断时间不应超过 30s，移动伤员或将其送医院，除应使伤员平躺在担架上并在背部垫以平硬阔木板外，应继续抢救，心跳呼吸停止者要继续人工呼吸和胸外心脏按压，在医院医务人员未接替前救治不能中止。

第四节　煤气中毒急救

煤气中毒又称一氧化碳中毒，一氧化碳中毒分轻、中、重度 3 种：①轻度中毒仅表现为头晕、心悸、恶心、四肢乏力，神志一般清楚。②中度中毒处于推而不醒的昏迷状态，伴脸色及口唇呈樱桃红色。③重度中毒出现反射消失、抽搐、大小便失禁、脑水肿、肺水肿。

对轻度中毒患者，应迅速将其撤离现场，移至空气新鲜通风处，但要注意给患者保暖，可以给患者喝些糖水、萝卜汤等热性饮料，中毒症状很快就会消失。

对已中度昏迷的患者，如经上述处理仍然不能恢复清醒，应及时护送到医院进行抢救。同时，若呼吸微弱甚至停止，必须立即进行人工呼吸；如果心跳停止，就进行心脏复苏。

若已有严重中毒症状的，应立即给予纯氧；如昏迷程度较深，可将地塞米松 10mg 放在 20mg20％的葡萄糖液中缓慢静脉注射，并用冰袋放在其头颅周围降温，以防止或减轻脑水肿的发生。

在现场抢救及送医院过程中，都要给中毒者充分吸氧，并注意其呼吸道的畅通。

第五节　火灾伤害急救

发生火警时，可采取下列三项措施：①灭火；②报警；③逃生。

1. 灭火

灭火最重时效，能于火源初萌时，立即予以扑灭，即能迅速遏止火灾发生或蔓延。但如火有扩大蔓延之倾向，则应迅速撤退至安全之处。

2. 报警

发现火灾时，应立即拨打"119"报警，同时亦可大声呼喊、敲门、唤醒他人知道火灾发生。在打"119"报警时，切勿心慌，一定要详细说明火警发生的地址、处所、建筑物状况等，以便消防车辆能及时前往救灾。

3. 逃生

① 要镇静，保持清醒的头脑，不能盲目追随。火灾无情，当大火燃起时要做的第一件事就是抓紧脱离险境。逃生之前，要探明着火方位，确定风向，在火势蔓延之前，朝逆风方向快速离开火灾区域。

② 留得青山在，不怕没柴烧，不要因为贪财而延误逃生时机。已经逃离险境的人员，切忌重回险地。

③ 做好简易防护，匍匐前进，不要直立迎风而逃。逃生时为

了防止浓烟呛入，可采用毛巾、口罩用水打湿蒙鼻、匍匐撤离的办法。烟气较空气轻而飘于上部，贴近地面撤离是避免烟气吸入、滤除毒气的最佳方法。

第六节 其他自救、急救

一、眼睛受伤急救

发生眼伤后，可做如下急救处理：

1. 轻度眼伤如眼进异物，可叫现场同伴翻开眼皮用干净手绢、纱布将异物拨出。如眼中溅进化学物质，要及时用清水冲洗。

2. 严重眼伤时，可让伤者仰躺，施救者设法支撑其头部，并尽可能使其保持静止不动，千万不要试图拔出插入眼中的异物。

3. 见到眼球鼓出或从眼球中脱出的东西，不可把它推回眼内，这样做十分危险，可能会把能恢复的伤眼弄坏。

4. 立即用消毒纱布轻轻盖上，如没有纱布可用刚洗过的新毛巾覆盖伤眼，再缠上布条，缠时不可用力，以不压及伤眼为原则。

做出上述处理后，立即送医院再做进一步的治疗。

二、食物中毒的现场抢救

症状轻者让其卧床休息。如果仅有胃部不适，多饮温开水或稀释的盐水，然后手伸进咽部催吐。如果发觉中毒者有休克症状（如手足发凉、面色发青、血压下降等），就应立即平卧，双下肢尽量抬高并速请医生进行治疗。及时采取如下应急措施：

1. 催吐。如果进食的时间在1至2小时前，可使用催吐的方法。立即取食盐20克，加开水200mL，冷却后一次喝下。如果无效，可多喝几次，迅速促使呕吐。亦可用鲜生姜 100 克，捣碎取汁用 200 毫升温水冲服。如果吃下去的是变质的食物，则可服用十滴水来促使呕吐。

2. 导泻。如果病人进食受污染的食物时间已超过 2 至 3 小时，但精神仍较好，则可服用泻药，促使受污染的食物尽快排出体外。一般用大黄 30 克一次煎服，老年患者可选用元明粉 20 克，用开水冲服，即可缓泻。体质较好的老年人，也可采用番泻叶 15 克，一次煎服或用开水冲服，也能达到导泻的目的。应用此方法须慎重。

3. 解毒。如果是吃了变质的鱼、虾、蟹等引起的食物中毒，可取食醋 100 毫升，加水 200 毫升，稀释后一次服下。此外，还可采用紫苏 30 克、生甘草 10 克一次煎服。若是误食了变质的防腐剂或饮料，最好的急救方法是用鲜牛奶或其他含蛋白质的饮料灌服。

控制食物中毒关键在预防，搞好饮食卫生，严把"病从口入"关。

三、中暑时现场救护措施

轻度中暑进行自我调理。如果感到头疼、乏力、口渴等时，应自行离开高温环境到阴凉通风处休息，并可饮冷盐开水，用冷水洗脸，进行通风降温等；对中暑症状较重者，救护人员应将其移到阴凉通风处，平卧、揭开衣服，立即采取冷湿毛巾敷头部、冷水擦身体及通风降温等方法给患者降温；对严重中暑者（体温较高者）还可用冷水冲淋或在头、颈、腋下、大腿放置冰袋等方法迅速降温。如中暑者能饮水，则应让其喝冷盐开水或其他清凉饮料，以补充水分和盐分。对病情较重者，应迅速转送医院作进一步急救治疗。

四、亚硝酸盐中毒急救措施

亚硝酸盐，又叫工业用盐，由于亚硝酸盐的物理性状与食盐相似，常导致误食中毒。

亚硝酸盐为强氧化剂，$0.2 \sim 0.5g$ 亚硝酸盐即可引起中毒，摄入 $1 \sim 2g$ 可致人死亡。

中毒原因主要有：①误将亚硝酸盐当做食盐。②在肉食加工时使用本品作为鱼、肉加工品的发色剂和催熟剂，若剂量掌握不当，可导致中毒。③未腌透的酸菜、咸菜（$5 \sim 8$ 日含量最高）、肉制品和变质的剩菜均含有大量的硝酸盐。④饮用含亚硝酸盐的井水、蒸锅水，也可引起中毒。

主要治疗措施：①尽快催吐、洗胃。即用 $1 : 5000$ 高锰酸钾溶液彻底洗胃，之后用硫酸镁或硫酸钠导泻。②应用解毒剂亚甲蓝 $1 \sim 2mg/kg$，加入 50% 葡萄糖 $40mL$ 进行静脉注射，必要时可于两小时后重复使用，直至症状消失。同时，用高渗葡萄糖和大剂量维生素 C、辅酶 A 等，可加强亚甲蓝的疗效。对危重患者可输入一定量的鲜血，及时处理休克，纠正酸中毒，给予吸氧及其他对症处理抽搐、呼吸衰竭等。

五、溺水急救措施

1. 现场抢救不会游泳的救护人员，可用竹竿、绳索或木板等物抛给溺水者抓住，再拖其靠岸，并呼唤他人前来抢救。会游泳的救护人员，应当迅速从溺水者的后面抓住其头部或腋窝，采取仰泳姿势，将溺水者救出水面。

2. 控水方法将溺水者救上岸后，迅速清除其口、鼻内的污泥、杂草及分泌物。解开衣扣、腰带后，利用头低、脚高的体位，将溺水者呼吸道和胃里的水压出。身材瘦小者溺水者，可倒提其双足，或将溺水者腹部扛在救护人员的肩上，头部向后自然垂下，救护者抱住溺水者的双腿，快步走动，使腹部积水倒出。溺水时间短、溺水量少的溺水者经过控水后，情况会迅速好转；但有的溺水者控水后效果不明显，就不必再多花时间，应立即采取其他急救措施。

3. 人工呼吸和心脏按压：人工呼吸多采用口对口吹气法。口对口吹气的同时要做胸外心脏按压，做一次口对口吹气挤压心脏4～5次。

4. 注射强心剂：如心跳停止，可用 1‰ 肾上腺素 0.5～1.0mL 作心脏内注射，并酌情重复使用。还可肌注中枢兴奋剂（尼可刹米、咖啡因等）。针刺合谷、人中、内关、太冲、丰隆等穴，对于兴奋呼吸中枢、恢复呼吸有一定作用。

第八章　施工现场安全用电

施工现场用电与一般工业或居民生活用电相比具有临时、露天、流动和不可选择的特点，在具体实际操作使用过程中，存在粗放、可靠性差、不牢固、不按标准规范操作的现象。现代化建筑施工手段日趋自动化和电气化，新型电气设备不断涌现，施工工艺复杂，一旦停电或触电事故就会造成很大的损失，直接影响人身安全、建筑施工质量、进度、投资等。随着建筑业的发展，企业内外部环境都对建筑施工安全生产非常重视，对施工供电的可靠性和安全程度要求越来越高。

触电造成的伤亡事故是建筑施工现场的多发事故之一，原因是有相当多的施工人员对电的特性不了解，对电的危险性认识不足，没有安全用电的基本知识，不懂临时施工用电的规范。因此凡进入施工现场的每一个人员不仅要高度重视安全用电工作，还必须掌握必备的电气安全技术知识。施工现场的临时用电应遵照执行《施工现场临时用电安全技术规范》。

第一节　电气安全基本常识

建筑施工现场的电工属于特种作业工种，必须按国家有关规定经专门安全作业培训，取得特种作业操作资格证书，方可上岗作业。其他人员不得从事电气设备及电气线路的安装、维修和拆除工作。

一、基本常识

（一）施工现场必须采用 TN-S 接零保护系统

建筑施工现场必须采用 TN-S 接零保护系统，即具有专用保护零线（PE 线）、电源中性点直接接地的 220/380V 三相五线制系统。

1. 保护接零

将电气设备外壳与电网的零线连接叫保护接零。保护接零是将设备的碰壳故障改变为单相短路故障，保护接零与保护切断相配合，由于单相短路电流很大，所以能迅速切断保险或自动开关跳闸，使设备与电源脱离，达到避免发生触电事故的目的，是保护人身安全的一种用电安全措施。在电压低于 1000 伏的接零电网中，若电工设备因绝缘损坏或意外情况而使金属外壳带电时，形成相线对中性线的单相短路，则线路上的保护装置（自动开关或熔断器）迅速动作，切断电源，从而使设备的金属部分不至于长时间存在危险的电压，这就保证了人身安全。

在实际工作中一定要与保护接地区分开来，在同一个电网内，不允许一部分用电设备采用保护接地，而另一部分设备采用保护接零，这样是相当危险的，如果采用保护接地的设备发生漏电碰壳时，将会导致采用保护接零的设备外壳同时带电。

2. 工作零线与保护零线分设

工作零线与保护零线必须严格分开。在采用了 TN-S 系统后，如果发生工作零线与保护零线错接，将导致设备外壳带电的危险。

（1）保护零线应由工作接地线处引出，或由配电室（或总配电箱）电源侧的零线处引出。

（2）保护零线严禁穿过漏电保护器，工作零线必须穿过漏电保护器。

（3）电箱中应设两块端子板（工作零线 N 与保护零线 PE），保护零线端子板与金属电箱相连，工作零线端子板与金属电箱绝缘。

（4）保护零线必须做重复接地，工作零线禁止做重复接地。

（5）保护零线的统一标志为绿/黄双色线，在任何情况下不准使用绿/黄双色线做负荷线。

（二）施工现场必须满足"三级配电二级保护"设置要求

施工现场的配电箱是电源与用电设备之间的中枢环节，而开关箱是配电系统的末端，是用电设备的直接控制装置，它们的设置和运用直接影响着施工现场的用电安全。

1.《规范》要求

配电箱应做分级设置，即在总配电箱下设分配电箱，分配电箱以下设开关箱，开关箱以下就是用电设备，形成三级配电。这样配电层次清楚，既便于管理又便于查找故障。同时要求，照明配电与动力配电最好分别设置，自成独立系统，不致因动力停电影响照明。

2."两级保护"

主要指采用漏电保护措施，除在末级开关箱内加装漏电保护器外，还要在上一级分配电箱或总配电箱中再加装一级漏电保护器，总体上形成两级保护。电网的干线与分支线路作为第一级，线路末端作为第二级。第一级漏电保护区域较大，停电后影响也大，漏电保护器灵敏度不要求太高，其漏电动作电流和动作时间应大于后面的第二级保护，这一级保护主要提供间接保护和防止漏电火灾。分级保护时，各级保护范围之间应相互配合，应在末端发生事故时，保护器不会越级动作和当下级漏电保护器发生故障时，上级漏电保护器动作以补救下级失灵的意外情况。

3.漏电保护器

施工现场的用电设备必须实行"一机、一闸、一漏、一箱"

制，即每台用电设备必须有自己专用的开关箱，专用开关箱内必须设置独立的隔离开关和漏电保护器。规范规定："施工现场所有用电设备，除做保护接零外，必须在设备负荷线的首端处设置漏电保护装置"。

漏电保护器的主要参数

（1）额定漏电动作电流。当漏电电流达到额定漏电动作电流值时，保护器动作。

（2）额定漏电动作时间。指从达到漏电动作电流时起，到电路切断为止的时间。

（3）额定漏电不动作电流。漏电电流在此值和此值以下时，保护器不应动作，其值为漏电动作电流的1/2。

（4）额定电压及额定电流。与被保护线路和负载相适应。

（三）外电防护

外电线路主要指不为施工现场专用的原来已经存在的高压或低压配电线路，外电线路一般为架空线路。由于外电线路位置已经固定，所以施工过程中必须与外电线路保持一定安全距离，一是由于周围存在的强电场的电感应所应保持的安全距离，二是施工现场属动态作业过程，特别像搭设脚手架，一般立杆、大横杆钢管长6.5m，如果距离太小，施工现场操作中的安全无法保障，所以必须保持一定的安全操作距离。当因受现场作业条件限制达不到安全距离时，必须采取保护措施，防止发生因碰触造成的触电事故。

1. 规范规定在架空线路的下方不得施工，不得建造临时建筑设施，不得堆放构件、材料等。

2. 当在架空线路一侧作业时，必须保持安全操作距离。规范规定了最小安全操作距离：外电线路电压1kV以下时，最小安全操作距离4m、外电线路电压1～10kV时，最小安全操作距离6m，外电线路电压35～110kV时，最小安全操作距离8m。

3. 当由于条件所限不能满足最小安全操作距离时，应设置绝缘性材料或采取良好接地措施的钢管搭设的防护性遮拦、栅栏，并悬挂警告牌等防护措施。当架空线路在塔式起重机等起重机的作业半径范围内时，其线路的上方也应有防护措施，搭设成门型，其顶部可用 5cm 厚木板或相当 5cm 木板强度的材料盖严。

二、安全电压

(一) 安全电压分级

安全电压是指 50V 以下特定电源供电的电压系列：安全电压是为防止触电事故而采用的 50V 以下特定电源供电的电压系列，分为 42V、36V、24V、12V 和 6V 五个等级，根据不同的作业条件，选用不同的安全电压等级。建筑施工现场常用的安全电压有12V、24V、36V。

(二) 特殊场所必须采用电压照明供电

以下特殊场所必须采用安全电压照明供电：

1. 室内灯具离地面低于 2.4m，手持照明灯具，一般潮湿作业场所（地下室、潮湿室内、潮湿楼梯、隧道、人防工程以及有高温、导电灰尘等）的照明，电源电压应不大于 36V。

2. 在潮湿和易触及带电体场所的照明电源电压，应不大于 24V。

3. 在特别潮湿的场所，锅炉或金属容器内，导电良好的地面使用手持照明灯具等，照明电源电压不得大于 12V。

三、电线的相色

(一) 正确识别电线的相色

电源线路可分工作相线（火线）、专用工作零线和专用保护零线。一般情况下，工作相线（火线）带电危险，专用工作零线和专用保护零线不带电（但在不正常情况下，工作零线也可以带电）。

（二）相色规定

一般相线（火线）分为 A、B、C 三相，分别为黄色、绿色、红色；工作零线为淡蓝色；专用保护零线为黄绿双色线。

严禁用黄绿双色、淡蓝色线当相线，也严禁用黄色、绿色、红色线作为工作零线和保护零线。

四、插座的使用

正确使用与安装插座。

（一）插座分类

常用的插座分为单相双孔、单相三孔和三相三孔、三相四孔等。

（二）选用与安装接线

1. 三孔插座应选用"品字形"结构，不应选用等边三角形排列的结构，因为后者容易发生三孔互换造成触电事故。

2. 插座在电箱中安装时，必须首先固定安装在安装板上，接地极与箱体一起做可靠的 PE 保护。

3. 三孔或四孔插座的接地孔（较粗的一个孔）必须置在顶部位置，不可倒置，两孔插座应水平并列安装，不准垂直并列安装。

4. 插座接线要求：对于两孔插座，左孔接零线，右孔接相线；对于三孔插座，左孔接零线，右孔接相线，上孔接保护零线；对于四孔插座，上孔接保护零线，其他三孔分别 A、B、C 三根相线。

五、"用电示警"标志

正确识别"用电示警"标志或标牌，不得随意靠近、随意损坏和挪动标牌。用电示警标志及适用场所参见表 8-1。

表 8-1　用电示警标志及适用场所

使用分类	颜色	使用场所
常用电力标志	红色	配电房、发电机房、变压器等重要场所
高压示警标志	字体为黑色，箭头和边框为红色	需高压示警场所
配电房示警标志	字体为红色，边框为黑色（或字与边框交换颜色）	配电房或发电机房
维护检修示警标志	底为红色、字为白色（或字为红色、底为白色、边框为黑色）	维护检修时相关场所
其他用电示警标志	箭头为红色、边框为黑色、字为红色或黑色	其他一般用电场所

　　进入施工现场的每个人都必须认真遵守用电管理规定，见到以上用电示警标志或标牌时，不得随意靠近，更不准随意损坏、挪动标牌。

第二节　施工用电安全技术措施

一、电气线路的安全技术措施

　　1. 施工现场电气线路全部采用"三相五线制"（TN-S 系统）专用保护接零（PE 线）系统供电。

　　2. 施工现场架空线采用绝缘铜线。

　　3. 架空线设在专用电杆上，严禁架设在树木、脚手架上。在地面或楼面上运送材料时，不要踏在电线上；停放手推车、堆放钢模板、跳板、钢筋时不要压在电线上。

　　4. 移动金属梯子和操作平台时，要观察高处输电线路与移动物体的距离，确认有足够的安全距离，再进行作业。搬运较长的金属物体，如钢筋、钢管等材料时，应注意不要碰触到电线。移动有电源线的机械设备，如电焊机、水泵、小型木工机械等，必须先切断电源，不能带电搬动。

5. 如果由于在建工程位置限制而无法保证规定的电气安全距离时，必须采取设置防护性遮拦、栅栏、悬挂警告标志牌等防护措施，发生高压线断线落地时，非检修人员要远离落地 10m 以外，以防跨步电压危害。

6. 为了防止设备外壳带电发生触电事故，设备应采用保护接零，并安装漏电保护器等措施。作业人员要经常检查保护零线连接是否牢固可靠，漏电保护器是否有效。

7. 在宿舍工棚、仓库、办公室内严禁使用电饭煲、电水壶、电炉、电热杯等较大功率电器。如需使用，应由项目部安排专业电工在指定地点，安装可使用较高功率电器的电气线路和控制器。严禁在宿舍内乱拉乱接电源，非专职电工不准乱接或更换熔丝，不准以其他金属丝代替熔丝（保险丝）。严禁使用不符合安全的电炉、电热棒等。严禁在电线上晾衣服和挂其他东西等。

8. 在配电箱等用电危险地方，挂设安全警示牌。如"有电危险""禁止合闸，有人工作"等。当发现电线坠地或设备漏电时，切不可随意跑动和触摸金属物体，并保持 10m 以上距离。

二、照明用电的安全技术措施

施工现场临时照明用电的安全要求如下：

（一）临时照明线路必须使用绝缘导线

临时照明线路必须使用绝缘导线，户内（工棚）临时线路的导线必须安装在离地 2m 以上支架上；户外临时线路必须安装在离地 2.5m 以上支架上，零星照明线不允许使用花线，一般应使用软电缆线。

（二）建设工程的照明灯具宜采用拉线开关

拉线开关距地面高度为 2～3m，与出、入口的水平距离为 0.15～0.2m。

（三）电器、灯具的相线必须经过开关控制

不得将相线直接引入灯具，也不允许以电气插头代替开关来分合电路，室外灯具距地面不得低于 3m；室内灯具不得低于 2.4m。

（四）使用手持照明灯具（行灯）应符合一定的要求

1. 电源电压不超过 36V。

2. 灯体与手柄应坚固，绝缘良好，并耐热防潮湿。

3. 灯头与灯体结合牢固。

4. 灯泡外部要有金属保护网。

5. 金属网、反光罩、悬吊挂钩应固定在灯具的绝缘部位上。

6. 照明系统中每一单相回路上，灯具和插座数量不宜超过 25 个，并应装设熔断电流为 15A 以下的熔断保护器。

三、配电箱与开关箱的安全技术措施

施工现场临时用电一般采用三级配电方式，即总配电箱（或配电室），下设分配电箱，再以下设开关箱，开关箱以下就是用电设备。

配电箱和开关箱的使用安全要求如下：

1. 配电箱、开关箱的箱体材料，一般应选用钢板，亦可选用绝缘板，但不宜选用木质材料。

2. 电箱、开关箱应安装端正、牢固，不得倒置、歪斜。

固定式配电箱、开关箱的下底与地面垂直距离应大于或等于 1.3m，小于或等于 1.5m；移动式分配电箱、开关箱的下底与地面的垂直距离应大于或等于 0.6m，小于或等于 1.5m。

3. 进入开关箱的电源线，严禁用插销连接。

4. 电箱之间的距离不宜太远。

分配电箱与开关箱的距离不得超过 30m。开关箱与固定式用电设备的水平距离不宜超过 3m。

5、每台用电设备应有各自专用的开关箱。

施工现场每台用电设备应有各自专用的开关箱，且必须满足"一机、一闸、一漏、一箱"的要求，严禁用同一个开关电器直接控制两台及两台以上用电设备（含插座）。

开关箱中必须设漏电保护器，其额定漏电动作电流应不大于 30mA，漏电动作时间应不大于 0.1s。

6. 所有配电箱门应配锁，不得在配电箱和开关箱内挂接或插接其他临时用电设备，开关箱内严禁放置杂物。

7. 配电箱、开关箱的接线应由电工操作，非电工人员不得乱接。

四、配电箱和开关箱的使用要求

1. 在停、送电时，配电箱、开关箱之间应遵守合理的操作顺序：

送电操作顺序：总配电箱→分配电箱→开关箱；

断电操作顺序：开关箱→分配电箱→总配电箱。

正常情况下，停电时首先分断自动开关，然后分断隔离开关；送电时先合隔离开关，后合自动开关。

2. 使用配电箱、开关箱时，操作者应接受岗前培训，熟悉所使用设备的电气性能和掌握有关开关的正确操作方法。

3. 及时检查、维修，更换熔断器的熔丝，必须用原规格的熔丝，严禁用铜线、铁线代替。

4. 配电箱的工作环境应经常保持设置时的要求，不得在其周围堆放任何杂物，保持必要的操作空间和通道。

5. 维修机器停电作业时，要与电源负责人联系停电，要悬挂警示标志，卸下保险丝，锁上开关箱。

第三节 手持电动机具安全使用常识

手持电动机具在使用中需要经常移动，其振动较大，比较容易发生触电事故。而这类设备往往是在工作人员紧握之下运行的，因此，手持电动机具比固定设备更具危险性。

一、手持电动机具的分类

手持电动机具按触电保护分为Ⅰ类工具、Ⅱ类工具和Ⅲ类工具。

（一）Ⅰ类工具（即普通型电动机具）

其额定电压超过 50V。工具在防止触电的保护方面不仅依靠其本身的绝缘，而且必须将不带电的金属外壳与电源线路中的保护零线做可靠连接，这样才能保证工具基本绝缘损坏时不成为导电体。这类工具外壳一般都是全金属。

（二）Ⅱ类工具（即绝缘结构皆为双重绝缘结构的电动机具）

其额定电压超过 50V。工具在防止触电的保护方面不仅依靠基本绝缘，而且还提供双重绝缘或加强绝缘的附加安全预防措施。这类工具外壳有金属和非金属两种，但手持部分是非金属，非金属处有"回"符号标志。

（三）Ⅲ类工具（即特低电压的电动机具）

其额定电压不超过 50V。工具在防止触电的保护方面依靠由安全特低电压供电和在工具内部不含产生比安全特低电压高的电压。这类工具外壳均为全塑料。

Ⅱ、Ⅲ类工具都能保证使用时电气安全的可靠性，不必接地或接零。

二、手持电动机具的安全使用要求

1. 一般场所应选用Ⅰ类手持式电动工具，并应装设额定漏电动作电流不大于 15mA、额定漏电动作时间小于 0.1s 的漏电保护器。

2. 在露天、潮湿场所或金属构架上操作时，必须选用Ⅱ类手持式电动工具，并装设漏电保护器，严禁使用Ⅰ类手持式电动工具。

3. 负荷线必须采用耐用的橡皮护套铜芯软电缆。

单相用三芯（其中一芯为保护零线）电缆；三相用四芯（其中一芯为保护零线）电缆；电缆不得有破损或老化现象，中间不得有接头。

4. 手持电动工具应配备装有专用的电源开关和漏电保护器的开关箱，严禁一台开关接两台以上设备，其电源开关应采用双刀控制。

5. 手持电动工具开关箱内应采用插座连接，其插头、插座应无损坏，无裂纹，且绝缘良好。

6. 使用手持电动工具前，必须检查外壳、手炳、负荷线、插头等是否完好无损，接线是否正确（防止相线与零线错接）；发现工具外壳、手柄破裂，应立即停止使用并进行更换。

7. 非专职人员不得擅自拆卸和修理工具。

8. 作业人员使用手持电动工具时，应穿绝缘鞋，戴绝缘手套，操作时握其手柄，不得利用电缆提拉。

9. 长期搁置不用或受潮的工具在使用前应由电工测量绝缘阻值是否符合要求。

第四节　触电事故分析

一、触电的类型

（一）二相触电

人体同时接触二根带电的导体（相线），电线上的电流就会通过人体，从一根导线流到另一根导线，形成回路，使人触电。

（二）单相触电

如果人站在大地上，接触到一根带电导线（相线）时，由于大地也能导电，而且与电力系统（发电机、变压器）的中性点相连接，人就等于接触了另一根导线（中性线）；或者接触一根相线、一根零线，造成触电。

（三）"跨步电压"触电

当输电线路发生故障而使导线接地时，由于导线与大地构成回路，电流经导线流入大地，会在导线周围地面形成电场。如果双脚分开站立，会产生电位差，此电位差就是跨步电压；当人体触及跨步电压时，电流就会流过人体，造成触电事故。

二、触电事故的种类

施工现场的触电事故主要分为电击和电伤两大类，也可分为低压触电和高压触电事故，前者划分按伤害类型，后者划分按触电发生部位电压的高低。

（一）电击和电伤

电击：电击是最危险的触电事故，大多数触电死亡事故都是电击造成的。当人直接接触了带电体，电流通过人体使肌肉发生麻木、抽动，如不能立刻脱离电源，将使人体神经中枢受到伤害，引起呼吸困难，心脏停搏，导致死亡。

电伤：电伤是电流的热效应、化学效应或机械效应对人体造成的伤害。电伤多见于人体外部表面，且在人体表面留下伤痕。其中电弧烧伤最为常见，也最为严重，可使人致残或致命。此外还有灼伤、烙印和皮肤金属化等伤害。

1. 灼伤

灼伤是指由于电流的热效应引起的伤害。一般是由于违反操作规程，例如错误地拉开带负荷隔离开关，开关断开瞬间产生电弧，电弧就会烧伤皮肤；又如电焊工焊工件时，如果人与焊接部位离太近又不戴手套，则会被电弧烧伤。由于烧伤时，电弧的温度很高（电弧中心温度高达 3000℃以上），而且往往在电弧中夹杂着金属熔粒，侵入人体后使皮肤发红、起泡或烧焦和组织败坏，严重时要进行切断肌体治疗，成为终身残废，甚至死亡。

2. 烙印

烙印通常发生在人体产生电流热效应的物件有良好接触的情况下，使受伤皮肤硬化，在皮肤表面留下圆形或椭圆形的肿块痕迹，颜色呈灰色或淡黄色。在工地上常见的有：手触摸或脚踏上刚焊过的焊件，造成烙伤。

3. 皮肤金属化

皮肤金属化是在电流作用下，使熔化和蒸发的金属微粒渗入皮肤表层。皮肤的伤害部分形成粗糙的坚硬表面，日久逐渐剥落。

此外，还有因电弧的辐射线而引起眼睛伤害（通常是在没有戴防护面罩而进行电焊工作时发生）。

（二）低压和高压触电事故

用电都是从电力网取得高压电，经降低电压后供给各种电气设备用电。高压配电线路最常见的形式是架空线和电缆。电压越高，危险性就越大。发生在各种电气设备上的触电事故为低压触电事故，发生在高压配电线路上的触电事故为高压触电事故。

三、触电事故的规律

建筑施工行业的触电事故有一定的规律，分析起来，可归纳为以下几点。

1. 就季节而言，每年的第二、三季度事故多，六至九月最集中。其主要原因是这段时间天气潮湿、多雨，地面导电性增强，降低了电气设备的绝缘性能；天气炎热，人体衣单而多汗，触电危险性较大。

2. 低压设备触电事故较多。因施工现场低压设备较多，又被多数人直接使用，操作设备的人缺乏电气安全知识，冒险蛮干。

3. 就设备而言，发生在携带式设备和移动式设备上的触电事故多。

4. 就条件而言，在高温、潮湿、现场混乱或金属设备多的现场中触电事故多。

5. 就行为而言，违章操作和无知操作而触电事故多。

6. 建制不齐全、规模较小的建筑施工队触电事故多。因其技术力量薄弱，人员素质差，设备简陋。

四、触电事故的原因分析

（一）缺乏电气安全知识，自我保护意识淡薄

电气设施安装或接线由非专业电工操作，安装人又无基本的电气安全知识，装设不符合电气规定，造成意外的触电事故。发生这种触电事故的原因都是缺乏电气安全知识，无自我保护意识。

（二）违反安全操作规程

施工现场中，有人图方便，不用插头，在电箱乱拉乱接电

线。还有人在宿舍私自拉接电线照明，在床上接音响设备、电风扇，有的甚至烧水、做饭等，极易造成触电事故。也有人凭经验用手去试探电器是否带电或不采取安全措施带电作业，或带着侥幸心理在带电体（如高压线）周围，不采取任何安全措施，违章作业，造成触电事故等。

（三）不使用"TN-S"接零保护系统

有的工地未使用"TN-S"接零保护系统，或者未按要求连接专用保护零线，无有效的安全保护系统。不按"三级配电二级保护""一机、一闸、一漏、一箱"设置，造成工地用电混乱，易造成误操作。并且在触电时，使得安全保护系统未起可靠的安全保护效果。

（四）电气设备安装不合格

电气设备安装必须遵守安全技术规定，否则由于安装错误，当人身接触带电部分时，就会造成触电事故。如电线高度不符合安全要求，太低，架空线乱拉、乱扯，有的还将电线拴在脚手架上，导线的接头只用老化的绝缘布包上，以及电气设备没有做保护接地、保护接零等，一旦漏电就会发生严重触电事故。

（五）电气设备缺乏正常检修和维护

由于电气设备长期使用，易出现电气绝缘老化、导线裸露、胶盖刀闸胶木破损、插座盖子损坏等。如不及时检修，一旦漏电，将造成严重后果。

（六）偶然因素

电力线被风刮断，导线接触地面引起跨步电压，当人走近该区域时就会发生触电事故

第九章 力学基础知识

了解结构静力分析的基本常识，掌握设备机构的受力特点，是特种作业技术人员必须学习的专业基础知识。

第一节 力的概念及性质

所谓力，就是物体间的相互作用，而这种作用使物体的运动状态发生改变或使物体产生变形。这种物体间的相互作用就叫做力。力是通过物体间相互作用所产生的效果体现出来的，物体间的相互作用有两种：即直接作用（如人用手提水）和间接作用（如地心对地球上各种物体的引力作用等）。

物体在力的作用下将产生两种效果，一种是力使物体运动状态发生改变，称其为力的外效应，另一种是力使物体的形状发生变化，则称为是力的内效应。

一、力的单位和力的三要素

1. 力的单位

国际单位为牛顿（N）。

2. 力的三要素

力的大小、方向和力的作用点称为力的三要素，见图 9-1。

例如用手推一物体，如图 9-1 所示，若力的大小不同，或施加力的作用点不同，或施力的方向不同都会对物体产生不同的作用效果。由此可见，力的大小表示物体间相互作用的强弱程度，力的方向包含力的方位和指向，力的作用点表示力对物体作用的位置。力的三要素中任何一种改变都将会改变力对物体的作用效果。

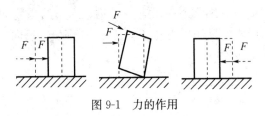

图 9-1　力的作用

力是具有大小和方向的物理量，这种量叫做矢量，在图中通常用带箭头的线段来表示力，线段的长度表示力的大小，箭头所指的方向表示力的方向，线段的起点或终点画在力的作用点上。见图 9-2。

图 9-2　力的矢量图

图 9-2 所示从力的作用点 A 点起，沿着力的方向画一条与力的大小呈比例的线段 AB（例如用 1cm 长的线段表示 100N 的力，那么 400N 就用 4cm 的线段表示），再在线段末端 B 画出箭头表示力的方向。

二、力的基本性质

1. 作用力与反作用力原理

力是物体之间的相互作用。两个物体间的作用力和反作用力总是同时存在而且大小相等，方向相反，沿同一直线分别作用在两个物体上，由此说明，一个物体受到力的作用，必定有另一个物体对它施加这种作用．同时施力物体也受到了力的作用。这就是力的作用与反作用原理。

作用力与反作用力是分别作用在两个物体上的，不能互相抵消。

如图 9-3 中，绳索下端吊有一重物，绳索给重物的作用力为 T，重力给绳索的反作用力为 T'，T 和 T' 等值、反向、共线且分别作用于两个物体上。

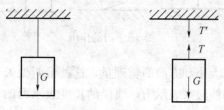

图 9-3　作用力与反作用力

2. 二力平衡规则

一个物体上作用两个力使物体保持平衡时，这两个力必须是大小相等，方向相反，作用在同一直线上。这就是二力平衡定律。例如，用手提着一桶水保持不动，如图 9-4 所示，桶受到向下的重力 W 和手给予的提力 T，W 和 T 构成一对平衡力。

物体平衡时，作用力的合力一定等于零，否则物体就会发生运动。同时二力平衡中的两个力必须是作用在同一物体上，这点应与作用力与反作用力区分开来。

图 9-4　二力平衡

第二节 力的合成与分解

一、荷载的分类

要研究力的合成与分解，首先要分析物体上受到哪些力的作用。工程上把作用在结构上的外力称为荷载。

荷载根据其作用可分为永久荷载、可变荷载和偶然荷载三大类。

永久荷载是指长期作用在物体上的不变荷载，例如构件的自重，在构件使用期间，一经计算或查阅有关资料得知，不会随时间而改变。

可变荷载是指物体在使用期间，其大小随时间发生变化，且其变化值与平均值相比是不可忽略的荷载。如楼面使用荷载、施工荷载、风荷载、雪荷载等。

偶然荷载是指在物体使用期间不一定出现，一旦出现，往往力量很大，且持续时间较短的荷载。如爆炸力、撞击力、地震力等。

二、合力与分力

作用在同一物体上的力，如果可以用一个力来代替而不改变对构件的作用效果，这个力称为力系的合力，力系中各个力则称合力的分力。由于力是矢量，所以力的合成或分解都应遵循矢量加减的法则——平行四边形法则。

1. 力的合成

作用于物体上同一点的两个力，可以合成为一个合力，由分力计算合力的过程称为力的合成。合力也作用于该点上。合力的大小和方向由这两个为临边所构成的平行四边形的对角线确定，如图 9-5（a）所示，合力 $R = F_1 + F_2$，由平行四边形对边相等，也可将此法简化为三角形法则，如图 9-5（b）中各分力首尾相接，由第一个分力始点指向最后一个分力的终点就得合力 R。

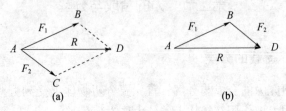

图 9-5　力的合成

2. 力的分解

由合力计算分力的过程称为力的分解。力的分解是力的合成的逆运算，分力与合力仍然遵循平行四边形法则。但是一根对角线可以做出许多平行四边形，所以一个合力分解时，可以得到许多结果。要得到唯一的解答，就必须给出其他限制条件：给出两个分力的方向或者给出一个分力的大小及方向。工程上经常需要将一个力沿直角坐标分解为两个力，即给出了两个分力的方向。这样便能得到两个分力的大小（图 9-6）。如果知道力 R 与 x 轴的夹角 a，两个分力的大小为：

$$F_x = \pm R\cos a$$
$$F_y = \pm R\sin a$$

如果力的方向与坐标轴方向一致，取正值，反之取负值。

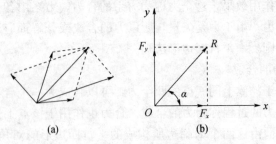

图 9-6　力的分解

三、物体的受力分析

为了分析某一物体的受力情况，往往把该物体从与它相联系的周围物体中分离出来，分清作用在物体上哪些是主动力，哪些是约束力，并用力的矢量表示出来，这样才能确定主动力与约束力之间的关系。这种分析就称为物体的受力分析。简明地表示物体受力情况的图称为受力图。画物体的受力图是对物体进行静力分析的关键，必须反复练习，熟练掌握。

画受力图的步骤及注意事项如下：

1. 明确研究对象，把与研究对象有联系的物体或约束全部去掉，单独画出所研究对象。

2. 先画可能引起物体运动的主动力，也即荷载。

3. 根据约束性质确定约束反力方式和方向。如果约束反力方向不易直接判定时，可以暂设方向。

4. 注意二力平衡原理和作用力与反作用力的应用。

四、杆件的受力特点

如果在杆件两端受到一对沿着杆件轴线，且大小相等、方向相反的外力作用时，杆件将发生轴向的拉伸或压缩变形。在工程实际中，有很多产生拉（压）变形的杆件，如桁架结构中的杆件，吊桥及斜拉桥中的拉索，单立柱式桥墩，千斤顶的顶杆，房屋中的柱子及起重机的吊索等。

杆件的受力特点是：作用在杆件上的外力（或外力的合力）的作用线与杆轴线重合，使杆件沿轴向发生伸长或缩短，即主要变形是长度的改变。

当两个外力相互背离杆件时，杆件受拉而伸长，称为轴向拉伸。当两个外力相互指向杆件时，杆件受压而缩短，称为轴向压缩。因此，拉伸与压缩变形是受力杆件中最简单、最基本的变形形式。

下面举例说明：

【例 9-1】由水平杆 AB 和斜杆构成的支架，如图 9-7 所示。在 AB 杆上放置一重为 P 的物体形，A、B、C 处都是铰链连接。各杆的自重不计，各接触面都是光滑的。试分别画出重物 W，水平杆 AB、斜杆 BC 和整体的受力图

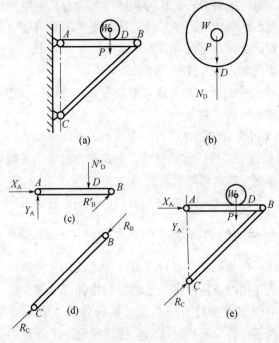

图 9-7　支架

解：（1）先作重物 W 的受力图。主动力是重物的重力 P，约束反力是 N ［图 9-7（b）］。

（2）再作斜杆 BC 的受力图。BC 杆的两端是铰链连接，约束反力的方向本来是不定的，但因杆中间不受任何力的作用，且杆的自重也忽略不计，所以斜杆 BC 只在两端受到 R_B 和 R_C 两个力

的作用而处于平衡。由二力平衡规则可知，此两力的作用线必定沿两铰链的中心 B 和 C 的连线，指向可任意假定 ［图 9-7 (d)］。只受两力作用而平衡的杆件称为二力杆。

（3）作水平杆 A 的受力图。A 处为铰链约束，其反力可用 X_a 和 Y_b 表示，而 D 和 B 处的约束反力 N_d 和 $N_d{}'$、R_B 和 $R_B{}'$ 分别是作用力和反作用力的关系 ［图 9-7 (c)、图 9-7 (d)］。

（4）最后作整体的受力图。其受力图如图 9-7 (e) 所示。此时不必将 B、D 处作用的力画出，因为对整个支架来说，这些力相互抵消，并不影响平衡。

第三节　力矩和力偶

一、力矩

力矩是力对物体的转动效应的体现。在生产实践中，人们利用各式各样的杠杆，如撬动物体的撬杠，称量东西用的秤等，都是力使物体转动的典型例子。

以扳手拧螺帽为例说明力的转动效应。如图 9-8 所示，矩中心 O 是物体的转动中心，力臂 L 为矩心 O 到力 F 作用线的垂直距离。实践表明转动效应与力 F 的大小呈正比，还与力臂 L 呈正比，与力的方向有关。所以引进力矩这一物理量来度量力对物体的转动效应。

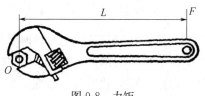

图 9-8　力矩

力矩＝力×力臂。通常规定正号表示逆时针转向，负号表示顺时针方向，力对矩心 O 点的作用简称为力矩。力矩的单位为牛顿·米或千牛顿·米。

二、力矩的平衡

力矩平衡的条件是：两个力矩大小相等，且顺时针力矩之和等于逆时针力矩之和。力矩平衡的例子很多，如起重吊装中经常使用的平衡梁，就是典型例子。

【例 9-2】：图 9-9 所示为用 1 根撬棍找正卷扬机。已知 ac 长为 4000mm，cb 长为 150mm，卷扬机的重力为 50kN，请问在 a 点要加多大的力 F 才能从凸处将卷扬机的一头撬起来？

解：计算时考虑到是将卷扬机的一头撬起来，所以撬杠上 b 点所受的阻力为 25kN。

$$F = \frac{25\text{kN} \times 150\text{mm}}{4000\text{mm}} \approx 0.94 \ (\text{kN})$$

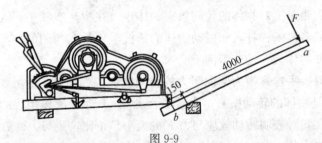

图 9-9

三、力偶

如图 9-10 所示，木工用麻花钻钻孔时，两手加在钻把上的大小相等、方向相反、不共线的两个平行力，在力学上称为力偶。力偶是反映了力对物体的转动效果另一度量，常用（F、F'）表示，单位为牛顿·米。

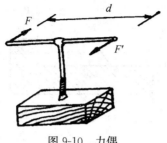

图 9-10　力偶

力偶的性质：（1）力偶可以在作用面内任意搬动，不改变它对物体的转动效果；（2）在力偶矩不变的情况下，可以调整力偶的力及力偶臂的大小，不改变力偶对物体的转动效果；（3）力偶在任何轴上的投影等于零。

力偶的作用效果也取决于三个要素：即力偶矩的大小、力偶的转向和力偶的作用平面。力偶所在的平面称为力偶作用面，两个反力之间的距离称为力偶臂。力偶的大小用力偶中的一个力与力偶臂的乘积来表示。

四、力偶的合成

合力偶的力偶矩等于作用在同一平面上的各个分力偶矩的代数和。

【例 9-3】：在图 9-11 中，一物体受三对平行力作用，$P_1 = P_1{}'$ = 10kN，$P_2 = P_2{}' = 20$kN，$P_3 = P_3{}' = 30$kN；求合力偶的力偶矩。

解：$M = m_1 + m_2 + m_3$

$\qquad = P_1 d_1 + P_2 d_2 + P_3 d_3$

$\qquad = -10 \times 1 + 20 \times 0.25 - 30 \times 0.25/\sin\alpha 30$

$\qquad = -20\text{kN} \cdot \text{m}$

得负值说明合力偶是顺时针。

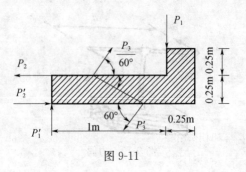

图 9-11

五、平面力偶系的平衡

平面力偶系的平衡条件是合力偶的力偶矩为零。

【例 9-4】：在图 9-12 中，梁 AB 受一力偶作用力偶矩 $m=$ 20kN·m，梁长 $L=5$m，$\alpha=30°$，自重不计，求支座 AB 的反力。

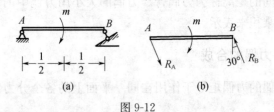

图 9-12

解：主动力是一个顺时针力偶，约束反力必定是一个逆时针力偶，B 是活动铰支座，约束反力沿链杆方向，R_A 是固定铰支座的约束反力，R_A 与 R_B 是一对力偶。约束反力的实际指向与假设指向相同。

$$\sum_m=0 \quad R_B l\cos\alpha-m=0$$

$$R_B=\frac{m}{l\cdot\cos\alpha}=\frac{20}{5\cdot\cos30°}=4.62\text{kN}$$

$$R_A=R_B=4.62\text{kN}$$

第十章　机械基础知识

机械是机器和机构的总称，是指把如热能、电能等其他能量转换成机械能，并利用机械能完成某些工作的装置。

第一节　机械图的基本常识

起重机械特种作业人员要掌握机械的操作、维修、保养等必备的专业技术，就必须看懂起重机械的有关图纸，了解构成起重机械的各零部件之间的装配关系。下面简单介绍看图的基本方法，对机械图的基本常识有初步的了解。

看图的基本方法就是投影分析法（图 10-1）。

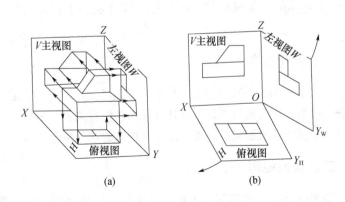

(a)　　　　　　　(b)

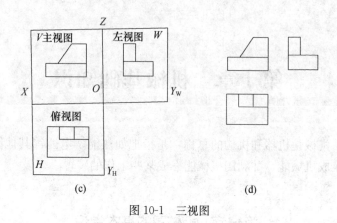

图 10-1　三视图

一、建立物体的三面投影体

每个人看一件物体都能从上、下、左、右、前、后六个位置看到物体的六个方面，但是要表达物体的形状，通常采用相互垂直的三个平面，进行投影，从而得到物体的三面投影体，得到三个识图，即主视图 V（反映了物体的高度和长度）、俯视图 H（反映了物体的长度和宽度）和左视图 W（反映了物体的宽度和高度）。

二、分析投影

一般主视图能够较多地表达物体的形态特征，因此要先读懂主视图，根据主视图的特点，了解各部分相互位置关系，然后联系俯视图、左视图的投影关系，就可以绘出物体的基本组合形体。

三、读剖视图

剖视图就是假想用剖切平面剖开机件，然后将剖开的一部分拿走，露出要表达的图形，从而了解机件内部结构的方法。

根据剖切后的投影方向，按剖切位置线分析机件是在哪一部位剖切的,从而想象其内部结构关系。

四、识读零件图

从零件图的标题栏中了解零件的概况;分析图形的表达重点,根据零件的基本组合形体和结构位置关系,想象零件的整体形状,分析定形尺寸和定位尺寸。

五、识读装配图

分析零件的传动关系,从动力系统开始,步步深入,逐步分析其工作原理,想象整个机器的工作情况。

第二节　机械传动基础知识

机械传动部分主要是进行传递运动和动力,把动力部分的高速转动转化为工作部分所需求的运动。常用的机械传动主要有齿轮传动、蜗轮蜗杆传动、带传动、链传动、液压传动等。

一、齿轮传动

齿轮传动是机械传动中最主要、应用最广泛的一种传动。齿轮传动是依靠主动齿轮依次拨动从动齿轮来实现的,它可以用于空间任意两轴间的传动,以及改变运动速度和形式。

(一)齿轮传动的分类

齿轮传动的类型较多,按照两齿轮传动时的相对运动分为平面运动和空间运动,可将其分为平面齿轮传动和空间齿轮传动两大类。

(二)齿轮传动的主要特点

1. 优点

(1)适用的圆周速度和功率范围广;

（2）传动比准确、稳定，效率高；

（3）工作性能可靠，使用寿命长；

（4）可实现平行轴、任意角相交轴和任意角交错轴之间的传动。

2. 缺点

（1）要求较高的制造和安装精度，成本较高；

（2）不适用于两轴远距离之间的传动。

二、蜗轮蜗杆传动

蜗轮蜗杆传动是用于传递空间互相垂直而不相交的两轴间的运动和动力。如蜗轮蜗杆减速器。

（一）蜗轮蜗杆传动的特点

1. 优点

（1）传动比大；

（2）结构尺寸紧凑。

2. 缺点

（1）轴向力大，易发热，效率低；

（2）只能单向传动。

（二）蜗轮蜗杆传动的主要参数

模数、压力角、蜗轮分度圆、蜗杆分度圆、导程、蜗轮齿数、蜗杆头数、传动比等。

三、带传动

带传动是通过中间挠性件（带）传递运动和动力，如工程中常见的皮带传动。带传动一般是由主动轮、从动轮和张紧轮在两轮上的环形带组成。当主动轮回转时，依靠带与轮之间的摩擦力拖动从动轮一起回转，从而传递一定的运动和动力。

（一）带传动的分类

带传动按带横截面形状可分为平带、V带和特殊带三大类。

（二）带传动的特点

1. 优点

（1）适用于两轴中心距较大的传动；

（2）带具有良好的挠性，可缓和冲击，吸收振动；

（3）过载时带与带轮之间会出现打滑，打滑虽使传动失效，但可防止损坏其他部件；

（4）结构简单，成本低廉。

2. 缺点

（1）传动的外廓尺寸较大；

（2）需张紧装置；

（3）由于滑动，不能保证固定不变的传动比；

（4）带的寿命较短；

（5）传动效率较低。

四、链传动

链传动是由装在平行轴上的主、从动链轮和绕在链轮上的环形链条所组成，以链条作中间挠性件，靠链条与链轮轮齿的啮合来传递运动和动力。

（一）链传动的分类

链传动按结构的不同主要分为滚子链和齿形链。

（二）链传动特点

1. 链传动与带传动相比的主要特点

（1）没有弹性滑动和打滑，能保持准确的传动比；

（2）所需张紧力较小，作用在轴上的压力也较小；

（3）结构紧凑；

（4）能在温度较高、有油污等恶劣环境条件下工作。

2. 链传动与齿轮传动相比的主要特点

（1）制造和安装精度要求较低；

（2）中心距较大时，其传动结构简单；

（3）瞬时链速和瞬时传动比不是常数，传动平稳性较差。

五、液压传动

液体传动以液体为工作介质，包括液压传动和液力传动。

液压传动是以液体的压力能进行能量传递、转换和控制的一种传动形式。

1. 动力装置：将机械能转换为液压能。如液压泵。

2. 执行装置：包括将液压能转换为机械能的液压执行器，如输出旋转运动的液压马达和输出直线运动的液压缸。

3. 控制装置：控制液体的压力、流量和方向的各种液压阀。

4. 辅助装置：包括储存液体的液压箱，输送液体的管路和接头，保证液体清洁的过滤器，控制液体温度的冷却器，储存能量的蓄能器和起密封作用的密封件等。

5. 工作介质：液压液，是动力传递的载体。

六、轮系

将主动轴的转速变换为从动轴的多种转速，获得很大的传动比，由一系列相互啮合的齿轮组成的齿轮传动系统称为轮系。

1. 轮系

分为定轴轮系和周转轮系两种类型。定轴轮系传动时，每个齿轮的几何轴线都是固定的；周转轮系传动时至少有一个齿轮的几何轴线绕另一个齿轮的几何轴线转动。

2. 轮系的主要特点

（1）适用于相距较远的两轴之间的传动；

（2）可作为变速器实现变速传动；

（3）可获得较大的传动比；

（4）实现运动的合成与分解。

第三节　常用机械传动件

在机械设备中，轴、键、联轴器和离合器是最常见的传动件，用于支持、固定旋转零件和传递扭矩。

一、轴

轴是机器中重要零件之一，用于支承回转零件和传递运动和动力。

1. 轴的分类和特点

按承受载荷的不同，轴可分为转轴、传动轴和心轴。

按轴线的形状不同，轴可分为直轴、曲轴和挠性钢丝轴。

2. 轴的材料

轴的材料通常采用碳素钢和合金钢，在碳素钢中常采用中碳钢；对于不重要或受力较小的轴，常采用碳素结构钢；对于有特殊要求的轴，常采用合金钢。

二、键

键主要用作轴和轴上零件之间的周向固定以传递扭矩，如减速器中齿轮与轴的联结。有些键还可实现轴上零件的轴向固定或轴向移动。

键的分类：键分为平键、半圆键、楔向键、切向键和花键等。

三、联轴器与离合器

联轴器和离合器主要用于轴与轴或轴与其他旋转零件之间的联结，使其一起回转并传递转矩和运动。

（一）联轴器的分类和特点

联轴器分刚性和弹性两大类。

（1）刚性联轴器由刚性传力件组成，分为固定式和可移式两类。

固定式刚性联轴器不能补偿两轴的相对位移，可移式刚性联轴器能补偿两轴的相对位移。

（2）弹性联轴器包含弹性元件，能补偿两轴的相对位移，并有吸收振动和缓和冲击的能力。

（二）离合器的分类

离合器主要用于在机械运转中随时将主、从动轴结合或分离。

离合器主要分为牙嵌式和摩擦式两类，此外，还有电磁离合器和自动离合器。

（三）联轴器和离合器的区别

用联轴器联结的两根轴，只有在机器停止工作后，经过拆卸才能把它们分离。如汽轮机与发电机的联结。

用离合器联结的两根轴在机器工作中就能方便地使它们分离或结合。如汽车发动机与变速器的联结。

第十一章　液压传动知识

液压传动系统是指工作介质为液体，以液体压力来进行能量传递的传动系统。液压系统具有调速性能好、换向冲击小、升降平稳、无爬升和缓慢下降现象等优点，因此，在起重机械中应用较为广泛。

第一节　液压传动系统的特点与组成

一、液压传动系统的特点

（一）优点

1. 元件单位质量传递的功率大，结构简单，布局灵活，便于和其他传动方式联用，易实现远距离操纵和自动控制；

2. 速度、扭矩、功率均可无级调节，能迅速换向和变速，调速范围宽，动作快速。

3. 元件自润滑性好，能实现系统的过载保护与保压，使用寿命长，元件易实现系列化、标准化、通用化。

（二）缺点

1. 速比不如机械传动准确，传动效率较低；

2. 对介质的质量、过滤、冷却、密封要求较高；

3. 对元件的制造精度、安装、调试和维护要求较高。

二、液压传动系统的组成

液压传动系统由动力部分、控制部分、执行部分和辅助部分四部分组成。

（一）动力部分

油泵是液压系统中动力部分的主要液压元件。它是能量转换装置，其工作原理是：通过油泵把电动机输出的机械能转换为液体的压力能，推动整个液压系统工作从而实现机构的运转。

液压系统常用的油泵有齿轮泵、柱塞泵、叶片泵、转子泵和螺栓泵等，建筑起重机械中经常采用的油泵主要是齿轮泵，还有柱塞泵等。

1. 齿轮泵是由装在壳体内的一对齿轮所组成。根据需要齿轮泵设计有二联或三联油泵，各泵有单独或共同的吸油口及单独的排油口，分别给液压系统中各机构供压力油，以实现相应的动作。

2. 柱塞泵有轴向柱塞泵和径向柱塞泵之分。这种油泵的主要组成部分有柱塞、柱塞缸、泵体、压盘、斜盘、传动油及配油盘等。

（二）控制部分

液压系统中的控制部分主要由不同功能的各种阀类组成，这些阀类的作用是用来控制和调节液压系统中油液流动的方向、压力和流量，以满足工作机构性能的要求。根据用途和工作特点之不同，阀类可分为如下三种类型，即方向控制阀、压力控制阀和流量控制阀。以下以汽车起重机液压系统控制部分采用的各种阀类为例进行介绍。

1. 方向控制阀

方向控制阀有单向阀和换向阀等，其中换向阀也称分配阀。汽车起重机常采用的控制方向阀为换向阀，属于控制元件，它的作用是改变液压的流动方向，控制起重机各工作机构的运动，多个换向阀组合在一起称为多联阀，起重机下车常用二联阀操纵下车支腿，上车常用四联阀，操纵上车的起升、变幅、伸缩、回转机构。换向阀主要由阀芯和阀体两种基本零件组成，改变阀芯在阀体内的位置，油液的流动通路就发生变化，工作机构的运动状态也随之改变。

2. 压力控制阀

压力控制阀有平衡阀、溢流阀、减压阀、顺序阀和压力继电器等。汽车起重机常采用的控制压力阀为平衡阀和溢流阀。

平衡阀是保证起重机安全作业不可缺少的重要元件，其构造由主阀芯、主弹簧、导控活塞、单向阀、阀体、端盖等组成，通过调整端盖上的调节螺钉来改变平衡阀的控制压力。它安装在起升机构、变幅机构、伸缩机构的液压系统中，防止工作机构在负载作用下产生超速运动，并保证负载可靠地停留在空中。

溢流阀是液压系统的安全保护装置，当系统压力高于调定压力时，导阀开启少量回油。由于阻尼作用，主阀下方压力大于上方压力，主阀上移开启，大量回油，使压力降至调定值，从而可限制系统的最高压力或使系统的压力保持恒定，转动调节螺钉即可调整系统工作压力的大小。起重机使用溢流阀是先导式溢流阀。

3. 流量控制阀

流量控制阀有节流阀、调速阀和温度补偿调速阀等，它主要由阀体、柱塞和两个单向阀组成，柱塞可左右移动。汽车起重机常采用的控制流量阀为液压锁，液压锁又叫做液控单向阀，是控制元件。它安装在支腿液压系统中，能使支腿油缸活塞杆在任意位置停留并锁紧，支承起重机，也可以防止液压管路破裂可能发生的危险。

（三）工作执行部分

液压传动系统的工作执行部分主要是靠油缸和液压马达（又

称油马达）来完成，油缸和液压马达都是能量转换装置，统称液动机。以下以汽车起重机用油缸和液压马达为例进行简要介绍。

1. 油缸

油缸是执行元件，它将压力能转变为活塞杆直线运动的机械能，推动机构运动，变幅机构、伸缩机构支腿等均靠油缸带动。油缸由缸筒、活塞、活塞杆、缸盖、导向套、密封圈等组成。

2. 液压马达

液压马达又称油马达，是执行元件。它将压力能转变为机械能，驱动起升机构和回转机构运转。油马达与油泵互为可逆元件，构造基本相同，有些柱塞马达与柱塞泵则完全相同，可互换使用。起重机上常用的油马达有齿轮式马达和柱塞式马达。轴向柱塞式油马达因其容积效率高、微动性能好，在起升机构中最为常用。

（四）辅助部分

液压系统的辅助部分由液压油箱、油管、密封圈、滤油器和蓄能器等组成。它们分别起储存油液、传导液流、密封油压、保持油液清洁、保持系统压力、吸收冲击压力和油泵的脉冲压力等作用。

第二节　液压系统的基本回路

液压系统的基本回路主要有调压回路、卸荷回路、限速回路、锁紧回路、制动回路等。

一、调压回路

调压回路的作用是限定系统的最高压力，防止系统的工作超载，该回路对整个系统起安全保护作用。

常用的主油路调压回路是用溢流阀来调整压力的，如图 11-1 所示，由于系统压力在油泵的出口处较高，所以溢流阀设在油泵出油口侧的旁通油路上，油泵排出的油液到达 A 点后，一路去系统，一路去溢流阀，这两路是并联的，当系统的负载增大、油压升高并超过溢流阀的调定压力时，溢流阀开启回油，直至油压下降到调定值时为上。

二、卸荷回路

卸荷回路的工作原理是当执行机构暂不工作时，应使油泵输出的油液在极低的压力下流回油箱，减少功率消耗，实现卸荷功能。如图 11-2 所示是利用滑阀机，三位四通换向阀阀芯处于中间位置，这时进油口 P 与回路口 O 相通，油液流回油箱卸荷，图中 M、H、K 型滑阀机都能实现卸荷。

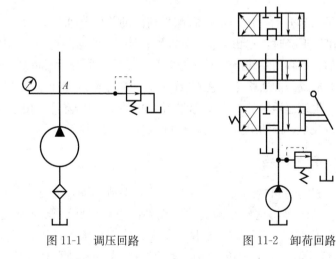

图 11-1 调压回路　　　　图 11-2 卸荷回路

三、限速回路

限速回路又称为平衡回路，由于载荷与自重的重力作用，有

155

产生超速的趋势，运用限速回路可靠地控制其下降速度。如图 11-3 所示为常见的限速回路，主要应用在起重机械的起升马达、变幅油缸及伸缩油缸的缓慢下降过程中。

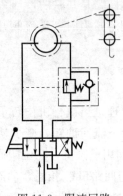

图 11-3　限速回路

当吊钩起升时，压力油经右侧平衡阀的单向阀通过，油路畅通，当吊钩下降时，左侧通油，但右侧平衡阀回油通路封闭，马达不能转动，只有当左侧进油压力达到开启压力，通过控制油路打开平衡阀芯形成回油通路，马达才能转动使重物下降，如在重力作用下马达发生超速运转，则造成进油路供油不足，油压降低，使平衡阀芯开口关小，回油阻力增大，从而限定重物的下降速度。

四、锁紧回路

起重机执行机构经常需要在某个位置保持不动，如支腿、变幅与伸缩油缸等，这样必须把执行元件的进口油路可靠地锁紧，否则便会发生"坠臂"或"软腿"危险，除用平衡阀锁紧外，还有如图 11-4 所示的液控单向阀锁紧。它用于起重机支腿回路中。

当换向阀处于中间位置，即支腿处于收缩状态或外伸支承起重机作业状态时，油缸上下腔被液压锁的单向阀封闭锁紧，支腿不会发生外伸或收缩现象，当支腿需外伸（收缩）时，液压油经

单向阀进入油缸的上（下）腔，并同时作用于单向阀的控制活塞
打开另一单向阀，允许油缸伸出（缩回）。

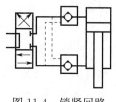

图 11-4　锁紧回路

五、制动回路

如图 11-5 所示为常闭式制动回路，起升机构工作时，扳动换
向阀，压力油一路进入油马达，另一路进入制动器油缸推动活塞
压缩弹簧实现松闸。

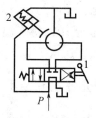

图 11-5　制动回路

第三节　液压系统的使用

一、液压传动系统的使用要求

1. 选用液压油必须符合设计技术要求。一般对液压油的基本
要求是：酸值低，对机件无腐蚀作用，也不会引起密封件的变形

膨胀；要有适当的黏度，良好的润滑性和化学稳定性；满足安全防火要求，不含有容易产生气体的杂质，燃点高，凝固点低。

2. 在使用过程中，要定期检查油质，液压油必须保持清洁，发现劣化严重时应及时要换，严防机械杂质和水分混入油中。当油中混入水分超过限度时，就应换油，因为油中混入水分后，将使油液逐步乳化，失去原有的优良润滑性能，并加速油液劣化，增加酸值和沉淀物，对金属起腐蚀作用。油中若混入机械杂质，对液压系统危害更大。因此，更换的新油要先经过沉淀 24 小时，只用其上部 90％的油，加入时要用 120 网目以上的滤网过滤。如采用钢管作输油管时，必须在油中浸泡 24 小时，使其内壁生成不活泼的薄膜后方可安装。

3. 要严格控制油温。液压油在运转中温度一般不得超过 60℃，如温度过高（超过 80℃），油液将早期劣化，润滑性能变差，一些密封件也易老化，元件的密封效率也将降低。因此，当油温超过 80℃时，应停止运转，待降温后再启动。冬季低温时，应先预热后再启动，油温达到 30℃以上才能工作。

二、液压系统各种元件正确使用

1. 应有良好的过滤器或其他防止液压油污染的措施。如配管和液压缸的容量很大时，不仅要加入足够数量的油，而且要在油泵启动后，油箱必须保持正常油面，切勿使滤油器露出油面。

2. 液压系统的冷却器、压力表等必须正常。油箱上的空气滤清器的网目，一般应在 100～200 目以上，其通油面积必须大于吸油管面积的两倍。

3. 管路必须连接牢靠严密，不进气、不漏油。弯管的弯曲半径不能过小，一般钢管的弯曲半径应大于管径的三倍。

4. 对液压泵和液压马达采用挠性联轴器驱动时，其不同心度应不大于 0.1mm。液压泵和液压马达的进、出油口和旋转方向都有标明，不得反接。其转速是根据其结构等特性而定，不得随意提高或降低。

5. 对各种控制阀的压力，必须严格控制，使用时要正确调整，如溢流阀的设定压力就不能超过系统的最高压力，平衡阀的开启压力应符合说明书要求。

6. 对蓄能器的拆装更应注意，蓄能充气压力应与安装说明书相符合，当装入气体后，各部分绝对不准拆开或松开螺钉。拆开封盖时，应先放尽器内存气，在确定没有压力后方可进行。移动和搬运时，也应将气体放尽。

7. 当需拆除液压系统各元件时，务必在卸荷情况下进行，以免油液喷出伤人。

第十二章　电工基础知识

电能的应用范围是极其广泛的，建筑起重机械的正常运行必须装备有相应的配套电气设备，才能实现对各个机构动作的控制。其主要特点是各个工作机构均采用独立驱动系统，通过一整套的保护控制装置进行驱动。

第一节　电工学基本常识

一、电工基础知识

1. 电流

电荷的定向流动称为电流，习惯上规定正电荷运动的方向作为电流的方向，法定计量单位制中电流的单位是安培（A）。

电流的计算：$I=U/R$

式中　I——电流强度，单位为安培（A）

　　　U——电压，单位为伏特（V）

　　　R——电阻，单位为欧姆（Ω）

2. 电流强度

指单位时间内通过导线横截面的电荷量多少，电流强度简称电流，表示为：

$$I=g/t$$

3. 电阻

导体对电流的阻碍作用称为电阻，用符号 R 表示。电阻的单位为欧姆，用符号 Ω 表示。电阻的大小与导体的材料和几何形状有关。

4. 电阻率

把 1m 长、截面积为 $1mm^2$ 的导体所具有的电阻值称为该导体的电阻率，电阻率用 ρ 表示，其单位为 Ω/mm^2。

5. 电源

凡能把其他形式的能量转换为电能的装置均称为电源，如电池是将化学能转换为电能，而发电机是将机械能转换为电能。

6. 电压

在电场中两点之间的电势差（又称电位差）叫做电压。其表示电场力把单位正电荷从电场中的一点移到另一点所做的功，从能量方面表示了电场力做功的能力，其方向为电动势的方向。电源加在电路两端的电压称为电源的端电压。电压的单位为伏特，简称伏，用符号 V 表示。

7. 电动势

把单位正电荷从电源负极内部移到正极时所做的功称为电源的电动势，是用来衡量电源内部非电场力对正电荷做功的能力。电动势的方向是由负极经电源内部指向正极。

8. 电功

电流通过导体所做的功称为电功，用 W 表示，电功的大小表示电能转化为其他形式能量的多少，等于加在导体两端电压 U、流经导体的电流 I 和通电时间 t 三者之乘积。

电功计算：
$$W = UIt$$
式中　W——电功，单位为焦耳（J）

　　　　I——电流强度，单位为安培（A）

　　　　U——端电压，单位为伏特（V）

　　　　t——通电时间，单位为秒（s）

9. 电功率

单位时间内电场力所做功的大小称为电功率，用 P 表示。

电功率的计算：

$$P = W/t = IU$$

式中　P 电功率，单位为瓦特（W）；

$$1W = 1J/s = 1A \times 1V = 1VA$$

$$1kW = 1000W$$

10. 电路

电路就是电流所流经的路径。在电动机中，当合上刀闸开关时，电动机立即就转动起来，这是因为电动机通过刀闸开关与电源接成了电流的通路，并将电能转换成为机械能。

二、直流电基础知识

直流电是指在电路中电流流动的方向不随时间而改变的电流。

三、交流电基础知识

1. 交流电

交流电是指大小和方向都随时间作周期性变化的电流，也就是说，交流电是变电动势、交变电压和交变电流的总称。通有交流电的电路，称为交流电路。交流电的电流、电流强度计算与表示与直流电相同。

2. 周期

正弦交流电变化一周所需的时间称为正弦交流电的周期，用字母 T 表示，单位是秒，用字母 s 表示。

3. 频率

正弦交流电每秒钟变化的次数称为频率，用字母 f 表示，其单位为赫兹，简称赫，用字母 Hz 表示。如果有交流电在 1s 内变化了一次，我们就称该交流电的频率是 1Hz。

4. 周期和频率的关系

根据周期和频率的定义可知，周期和频率互为倒数。

我们日常用的市电，其频率为 50Hz，即每秒 50 周，周期为 0.02s。周期和频率都是描述交流电随时间变化快慢程度的物理量。

5. 三相交流电

三相交流电是由三相交流发电机产生的电流。目前的电力系统都是三相系统。所谓三相系统是由三个频率和有效值都相同，而相位互差 120°的正弦电势组成的供电体系。或者说一个发电机同时发出峰值相等、频率相同、相位彼此相差 $2/3\pi$ 的三个交流电，称为三相交流电。三相电的每一相，就是一路交流电。

6. 三相电源的接法

发电机都有三个绕组，三相绕组通常是接成星形或三角形向负载供电的，下面分别讨论这两种连接方式的供电特点。

（1）电源的星形连接

将电源的三相绕组的末端 U_2、V_2、W_2 连成一节点，而始端 U_1、V_1、W_1 分别用导线引出接负载。这种连接方式叫做星形连接，或称 Y 连接，如图 12-1 所示。

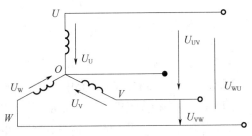

图 12-1　三相电源的星形接法

从绕组始端 U_1、V_1、W_1 引出的三根导线称为端线，通常也叫火线。

三相绕组末端所联成的公共点叫做电源的中性点，简称中点，在电路中用 O 表示。有些电源从中性点引出一根导线，叫做中性线或称零线。当中性线接地时，又叫地线。

由三根火线和一根零线所组成的供电方式叫做三相四线制，常用于低压配电系统，星形连接的电路，也可不引出中性线，由三根火线供电，称为三相三线制，多用于高压输电。

星形连接的电源中可以获得两种电压，即相电压和线电压。线电压为线路上任意两火线之间的电压。相电压为每相绕组两端的电压，即火线与零线之间的电压。

（2）电源的三角形连接

三相电源的三角形连接，就是把三相电源的始、末端依次相接，依次首尾相连构成闭合回路，再自首端 U_1、V_1、W_1 引出导线接负载，这种连接叫做三角形连接，或称为△连接，如图 12-2 所示。

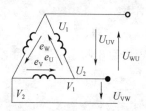

图 12-2 电源的三角形连接

电源为三角形连接时，线电压等于相电压，即 $U_{\text{线}} = U_{\text{相}}$。发电机绕组接成三角形，在三个绕组构成的回路中总电势为零。因此在该回路中不会产生环流。当一相绕组接反时，回路电势不再为零。由于发动机绕组的阻抗很小，会产生很大的环流，可能烧坏电机。

四、安全电压的基本知识

安全电压是为防止触电事故而采用的安全措施，主要防止因触电造成的人身伤害。防止触电事故可以有许多措施，采用安全电压只是其中的一种，并应遵守安全电压规定。

安全电压的数值是与人体可以承受的安全电源电流及人体电阻有关，各国对安全电压的规定也不完全相同。我国安全电压标准对安全电压的定义是："为防止触电事故而采用的由特定电源供电的电压系列。这个电压系列的上限值，在任何情况下，两导体间或一导体与地之间均不超过交流（50～500Hz）有效值50V"。

安全电压不是单指一个值，而是一个系列。即 42V、36V、24V、12V、6V，需要根据环境条件、操作人员条件、使用方式、供电方式、线路状况等多种因素来选择安全电压等级。当作业人员在金属容器、金属构架、特别潮湿等特别危险作业场所时，其安全电压应降到 12V 以下。

第二节　电气安全的一般常识

建筑起重机械中应用的电气一般属于工程电气，工程电气有图纸、有设计图，由专业电工指导并安装，在安装过程中基本不带电。电气安装后，按电气规定和设计要求进行检验和试运行，确认符合规定后才可使用。

一、配电箱的要求

由于建筑施工现场情况多变，相应的施工用电变化有时也很大，一般以三级配电为宜。即在总配电箱下设分配电箱，分配电箱下设开关箱，开关箱是最末一级，以下是起重机械用电。这样配电层次清楚，便于管理。

施工现场的配电箱，是配电系统中电源与用电设备之间的中枢环节，非常重要；开关箱是配电系统的末端环节，它上接电源下接用电设备，人员接触频繁，因此对电箱的制作、安装、使用、维护以及电气元件的选用要严格符合规定要求。

二、工作接地

工作接地就是为电气的正常运行需要而进行的接地，它可以保证起重机械的正常可靠运行。

我国施工现场采用的是三相四线制，这四根线兼做动力和照明用，把变压器的中性点直接与大地相接，这个接地就是电力系统的工作接地。

有了工作接地就可以稳定系统的电位，限制系统对地电压不超过某一范围，减少高压窜入低压的危险，保障起重机械的正常运行。但这种工作接地不能保障人体触电时的安全，当人体触及带电的设备外壳时，这时人身的安全问题要靠保护接地或保护接零等措施去解决。

三、保护接地

保护接地就是将电气设备在正常运行时，不带电的金属部分与大地相接，以保护人身安全，这种保护接地措施适用于中性点不接地的电网中。

当采用保护接地后，由于人体电阻与保护接地电阻并联，这时漏电电流流经金属外壳后，同时经过人体和接地，但是人体电阻远远大于保护接地电阻，因此大量电流流经保护接地，只有很少电流经过人体，这样，人体所受的电压降就很小，危险也就小多了。

四、保护接零

保护接零就是把电气设备在正常情况下不带电的金属部分与电网中的零线连接起来，保护接零普遍应用在三相四线制变压器中性点直接接地的系统中。

有了这种接零保护后，当电机中的一相带电部分发生碰壳时，该相电流通过设备的金属外壳，形成该相对零线的单相短路，这时的短路电流很大，会迅速将熔断器的保险烧断，从而断开电源以消除危险。

第三节 常用电气元件

建筑工程机械中常用的电气元件主要有变压器、空气开关、交流接触器、继电器以及断相与相序保护继电器等。

一、变压器

变压器是一种通过电磁感应作用将一定数值的电压、电流、阻抗的交流电转换成同频率的另一数值的电压、电流、阻抗的交流电的静止电机。

变压器的原理为：当在原边接入电压为 U_1 的电源时，在封闭铁芯内将产生磁通，而磁通又会使副边线圈内产生感应电压 U_2、U_3。当变压器空载时，原边电压与副边电压之比和原副边的线圈匝数（n）多少有关，且满足下式：$U_1 : U_2 : U_3 = n_1 : n_2 : n_3$

二、空气开关

空气开关主要由操作机构、触点、保护装置（各种脱扣器）、灭弧系统等组成。

空气开关的工作原理：自动空气开关的主触头是靠操作机构手动或电动合闸的。主触头闭合后，自由脱扣机构将主触头锁在合闸位置上。过电流脱扣器的线圈和热脱扣器的热元件与主动电路串联；欠压脱扣器的线圈与主电路并联。当电路发生短路或严重过载时，过电流脱扣器的衔铁被吸合，使自由脱扣机构动作；当电路过载时，热脱扣器的热元件产生的热量增加，加热双金属片，使之向上弯曲，推动自由脱扣机构动作。当电路欠压时，欠压脱扣器的衔铁释放，也使自由脱扣机构动作。分励脱扣器则作为远距离控制用，在正常工作时，其线圈是断电的，在需要控制时，按下启动按钮，使线圈通电，衔铁带动自由脱扣机构动作，使主触点断开。

三、交流接触器

交流接触器是一种用来频繁接通或断开主电路及大功率控制电路的自动切换电器，主要由四部分组成，即触头、灭弧装置、铁芯、线圈。

交流接触器的工作原理：当按下按钮时，线圈通电，静铁芯被磁化，并把动铁芯吸上，带动轴旋转使触头闭合，从而接通电路；当放开按钮时过程与上述相反，在反作用弹簧作用下，使电路断开。当接触器带有辅助触头时，只要将一组常闭辅助触头与按钮并联，就可实现接触器的自锁（即松开按钮，接触器线圈仍然吸合，主电路不断开）。接触器作为控制电路通断的切换器，与刀开关和转换开关相比，不仅有远距离操纵、低压控制的功能，而且有失压与欠压保护的功能。

四、继电器

继电器是根据被控制对象的温度变化而控制电流通断，即利用电流的热效应而动作的电器。它主要用于电动机的过载保护。常用的继电器有时间继电器、过电流继电器、热继电器等。

继电器的结构原理：发热元件直接串联在被保护电机的主电路中，它产生的热量随电流的大小和时间的长短而不同，用这些热量加热双金属片。当电机过载时，发热元件产生的热量使双金属片向左弯曲，双金属片推动绝缘杆，绝缘杆带动另一双金属片向左转，使其脱开绝缘杆，凸轮在弹簧的拉动下顺时针旋转，从而使动触头与静触头断开，电动机得到保护。

五、断相与相序保护继电器

断相与相序保护继电器可在三相交流电动机以及不可逆转传动设备中分别做断相与相序保护。

普通的热继电器适用于三相同时出现过载电流的情况，若三相中有一相断线时，因为断线那一相的双金属片不弯曲而使热继电器不能及时动作，故不能起到保护作用。这时就需要使用带断相保护的热继电器。当电流为额定值时，三个热元件均正常发热，其端部均向左弯曲推动上、下导板同时左移，但达不到动作位置，继电器不会动作。当电流过载达到整定值时，双金属片弯曲较大，把导板和杠杆推到动作位置，继电器动作，使动断触点立即打开。当一相（设 A 相）断路时，A 相（右侧）的双金属片逐渐冷却降温，其端部向右移动，推动上导板向右移动；而另外两相双金属片温度上升，使端部向左移动，推动下导板继续向左移动，产生差动作用，使杠杆扭转，继电器动作，起到断相保护作用，达到保护电机的目的。

第四节　三相交流电动机

电动机是利用电磁感应原理工作的机械，是一种将电能转换成机械能并输出机械转矩的动力设备，它应用广泛，种类繁多，具有结构简单、坚固耐用、运行可靠、维护方便、启动容易、成本较低等优点。但也有调速困难、功率因数偏低等缺点。

一、电动机的分类

电动机一般可分为直流电动机和交流电动机两大类。

交流电动机按使用的电源相数分为单相电动机和三相电动

机，其中三相电动机又可分为同步和异步两种。异步电动机按转子结构分线绕式和鼠笼式两种。目前广泛应用的是异步电动机。

二、三相交流异步电动机的基本结构

三相异步电动机的结构由定子（固定部分）、转子（转动部分）和附件组成。

（一）定子

定子是电动机静止不动的部分。定子由定子铁芯、定子绕组和机座三部分组成。定子的主要作用是产生旋转磁场。

1. 定子铁芯一般是用内圆上冲有均匀分布槽口的 $0.35\sim$ 0.5mm 厚的硅钢片叠成的，定子绕组嵌放在槽口内，整个铁芯压入机座内。

2. 定子绕组是用电磁线绕制成的三相对称绕组。各相绕组彼此独立，按互差 120°的角度嵌入定子槽内，并与铁芯绝缘。定子绕组可接成星形或三角形。

3. 机座一般用铸铁或铸钢制成，用于固定定子铁芯和绕组，并通过前后端盖支撑转轴。机座表面的散热筋还能提高散热效果，机座上还有接线盒，盒内六个接线柱分别与三相定子绕组的六个起端和末端相连。

（二）转子

转子是电动机的旋转部分。它由转轴、转子铁芯和转子绕组三部分组成。

1. 转轴用于支撑转子铁芯和绕组，输出机械转矩。

2. 转子铁芯是把相互绝缘的外圆上冲有均匀槽口的硅钢片压装在转轴上的圆柱体。这些槽口（又叫导线槽）内将嵌放转子绕组。

3. 转子绕组是在导线槽内嵌放铜条，铜条两端分别焊接在两个铜环（又称短路环）上，绕组形状与密闭的鼠笼相似。目前 100kW 以下的鼠笼式电动机的转子绕组常用熔化的铝浇铸在导线槽内并连同短路环、风扇一起铸成一个整体，称为铸铝转子。

三、铭牌数据

每台电动机的外壳上都附有一块铭牌，上面有这台电动机的基本数据。铭牌数据的含义如下：

1. 型号

例如：Y160L-4。

Y 表示（笼型）异步电动机；160 表示机座中心高为 160mm；L 表示长机座（S 表示短机座，M 表示中机座）；4 表示 4 极电动机。

2. 额定电压

指电动机定子绕组应加的线电压有效值，即电动机的额定电压。

3. 额定频率

指电动机所用交流电源的频率，我国电力系统规定为 50Hz。

4. 额定功率

指在额定电压、额定频率下满载运行时电动机轴上输出的机械功率，即额定功率。

5. 额定电流

指电动机在额定运行（UP 在额定电压、额定频率下输出额定功率）时定子绕组的线电流有效值，即额定电流。

6. 接法

指电动机在额定电压下，三相定子绕组应采用的连接方法。

7. 绝缘等级

电动机按所用绝缘材料允许的最高温度来分级。目前一般电动机采用较多的是 E 级绝缘和 B 级绝缘。

四、三相异步电动机的特性

1. 机械特性

电源电压一定时，异步电动机的转速 n 与电磁转矩 T 的关系称为机械特性。电动机的电磁转矩与电压平方成正比。

2. 工作特性

电源电压和频率为额定值时，电动机定子电流 I_1，转速 n，定子功率因数 $\cos\varphi_1$，效率 η 与电动机输出机械功率 P_2 之间的关系，称为电动机的工作特性。工作特性可以用相应的曲线来表示，如图 12-3 所示。

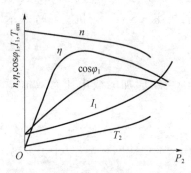

图 12-3　异步电动机的工作特性

五、三相异步电动机的使用保养

电动机运行前，应检查电动机各部分装配情况，正确配置所用的低压断路器、接触器、熔断器和热继电器等控制电器和保护电器。按电动机铭牌要求接线。一般电动机允许电压波动为额定电压的 ±10%，三相电压之差不得大于 ±5%；允许各相电流不平衡值不得超过 ±10%。测量绝缘电阻、绕组绝缘电阻应符合要求，人工转动电动机转动部分，应灵活无卡阻。

　　定期对电动机进行检修和保养，是确保电动机安全运行的重要工作。电动机应经常清除外部灰尘和油污，监听有无异常杂声，并定期更换润滑油，保持主体完整、零附件齐全、无损坏以及周围环境的清洁。

　　进行巡回检查和及时排除任何不正常现象，在巡视检查中要注意电动机的温升、气味及振动情况，从而可减少事故次数和修理停歇台时，提高电机运行效率。

第十三章 钢结构基础知识

钢结构强度高，可靠又轻巧，容易加工成满足各种不同要求的构件形式，还便于拆装和多次重复使用，比较经济实用，因此，在建筑起重机械中应用较多。

第一节 钢结构材料

钢材虽是性能很好的材料，但如果使用不当，也有可能造成损失，因此为保证建筑起重机械承重结构的承载能力和防止在一定条件下出现脆性破坏，应根据结构的重要性、荷载特征、结构形式、应力状态、连接方法、钢材厚度和工作环境等因素综合考虑，选用合适的钢材牌号。

钢是铁和碳的合金。碳在钢中含量的多少，对钢材的性能影响极大。钢的含碳量增大，能够提高它的强度，却降低它的塑性、韧性和可焊性。因此，在建筑起重机械中大多采用低碳钢。

低碳钢和高碳钢性能上的差别，从拉力试验得出的拉伸图中（图 13-1）就可以看得很清楚。从图中可以看出：高碳钢在拉断前的最大荷载比低碳钢大很多，但相应的伸长却比低碳钢小很多。这就是说，高碳钢的强度高而塑性差；拉断是突然的，呈脆性破坏。低碳钢在拉断前则有一个相当长的变形过程，用这种钢来建造结构，往往在破坏前有明显的征兆，能及时采取适当的措施来防止。高碳钢不仅拉断时比较突然，而且可焊性又差，不能用于钢结构。中碳钢虽然不如高碳钢那样脆，但可焊性不够好，也不应被采用。

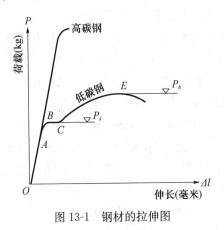

图 13-1　钢材的拉伸图

第二节　钢结构的连接

一、钢结构连接方法

钢结构的连接方法，一般有三种，即焊接、铆接和螺栓连接。

1. 铆接

铆接是一种十分费工又费钢材的连接方法，目前极少采用。但铆接的受力性能最可靠，所以在少数极为重要的钢结构中仍然采用。譬如，起重量在 100t 以上而且工作很繁重的钢吊车梁，有时仍采用铆接结构。

2. 焊接

焊接是最省工省料的连接方法，在钢结构的连接中应用最广。目前主要采用电弧焊。电弧焊是利用电弧所发出的高温来熔化焊件和焊条以形成焊缝的。常用的电弧焊可分手工焊、自动焊和半自动焊三种。为了防止焊接时正在熔化的钢水与空气接触而影响焊缝的质量，用于手工焊的焊条外面要涂上一层焊药，以阻止空气与钢水的接触，并使焊缝的化学成分得到改善。

3. 螺栓连接

既便于安装也便于拆卸，分为普通螺栓连接与高强螺栓连接两种，一般的钢结构中多采用普通螺栓连接。

普通螺栓是用普通3号钢制作的，强度不高，拧紧螺栓时不能施很大的力量，连接中各螺栓受力的分配也很不均匀，在反复的动力荷载作用下很易松动。所以，普通螺栓连接适用于一般工程连接。

在建筑起重机械的拼装中多采用高强度螺栓。这种螺栓采用强度较高的40硼钢或45号钢制作，加工后经热处理以提高材料的强度，并使螺栓保持良好的塑性。这种高强度螺栓的成本较高，安装时要用力矩扳手来拧紧螺帽，以便在螺杆中产生很高的预拉力，使被连接的部件相互夹得很紧。这样，在外力作用下可以通过部件之间的摩擦力来传递连接的内力。高强度螺杆所能负担的力量不仅远比普通螺栓大，而且在动力荷载作用下也不致松动。

二、钢结构连接材料的要求

1. 手工焊接采用的焊条，应符合现行国家标准《非合金钢及细粒钢焊条》（GB/T 5117）或《热强钢焊条》（GB/T 5118）的规定。选择的焊条型号应与主体金属力学性能相适应。对直接承受动力荷载或振动荷载且需要验算疲劳的结构，宜采用低氢型焊条。

2. 自动焊接或半自动焊接采用的焊丝和相应的焊剂应与主体金属力学性能相适应，并应符合现行国家标准的规定。

3. 普通螺栓应符合现行国家标准《六角头螺栓　C级》（GB/T 5780）和《六角头螺栓》（GB/T 5782）的规定。

4. 高强度螺栓应符合现行国家标准《钢结构用高强度大六角头螺栓》(GB/T 1228)、《钢结构用高强度大六角螺母》(GB/T 1229)、《钢结构用高强度垫圈》(GB/T 1230)、《钢结构用高强度大六角头螺栓、大六角螺母、垫圈技术条件》(GB/T 1231) 或《钢结构用扭剪型高强度螺栓连接副》(GB/T 3632) 的规定。

5. 圆柱头焊钉（栓钉）连接件的材料应符合现行国家标准电弧螺栓焊用《电弧螺柱焊用圆柱头焊钉》(GB/T 10433) 的规定。

第十四章　起重吊装基础知识

在建筑工程施工中，随着建筑起重机械的广泛应用，大大地减轻了体力劳动强度，提高了劳动生产率，同时它在搬运物料时，是以间歇式、重复的工作方式，通过其他吊具的起升、下降、回转来升降与运移物料，工作范围较广，危险因素较多，因而对其安全要求较多。

第一节　吊具、索具的通用安全规定

按行业习惯，我们把用于起重吊运作业的刚性取物装置称为吊具，把系结物品的挠性工具称为索具或吊索。

吊具可直接吊取物品，如吊钩、抓斗、夹钳、吸盘、专用吊具等。吊具在一般使用条件下，垂直悬挂时允许承受物品的最大质量称为额定起重量。

索具是吊运物品时，系结钩挂在物品上具有挠性的组合取物装置。它是由高强度挠性件（钢丝绳、起重环链、人造纤维带）配以端部环、钩、卸扣等组合而成。索具吊索可分为单肢、双肢、三肢、四肢使用。索具的极限工作载荷是以单肢吊索在一般使用条件下，垂直悬挂时允许承受物品的最大质量。除垂直悬挂使用外，索具吊点与物品间均存在着夹角，使索具受力产生变化，在特定吊挂方式下允许承受的最大质量，称为索具的最大安全工作载荷。

吊具、索具是直接承受起重载荷的构件，其产品的质量直接关系到安全生产，因此应遵守以下安全规定。

一、吊具、索具的购置

外购置的吊具、索具必须是专业厂按国家标准规定生产、检验，具有合格证和维护、保养说明书的产品。在产品明显处必须有不易磨损的额定起重量、生产编号、制造日期、生产厂名等标志。使用单位应根据说明书和使用环境特点编制安全使用规程和维护保养制度。

二、材料

制造吊具、索具用的材料及外购零部件，必须具有材质单、生产制造厂合格证等技术证明文件，否则应进行检验，查明性能后方可使用。

三、吊具、索具的载荷验证

自制、改造、修复和新购置的吊具、索具，应在空载运行、试验合格的基础上，按规定的试验载荷、试验方法试验合格后方可投入使用。

1. 静载试验

（1）静载试验载荷：吊具取额定起重量的 1.25 倍（起重电磁铁为最大吸力）。吊索取单肢、分肢极限工作载荷的 2 倍。

（2）试验方法：试验载荷应逐渐加上去，起升至离地面 100～200mm 高处，悬空时间不得少于 10min。卸载后进行目测检查。试验如此重复三次后，若结构未出现裂纹、永久变形，连接处未出现异常松动或损坏，即认为静载试验合格。

2. 动载试验

（1）动载试验载荷：吊具取额定起重量的 1.1 倍（起重电磁铁取额定起重量）。吊索取单肢、分肢极限工作载荷的 1.25 倍。

（2）试验方法：试验时，必须把加速度、减速度和速度限制在该吊（索）具正常工作范围内，按实际工作循环连续工作 1h，若各项指标、各限位开关及安全保护装置动作准确，结构部件无损坏，各项参数达到技术性能指标要求，即认为动载试验合格。

第二节　起重机械的使用

一、起重机械的分类、使用特点及基本参数

在建筑工程施工中，起重吊装技术是一项极为重要的技术。一个大型设备的吊装，往往是制约整个工程的进度、经济和安全的关键因素。

（一）起重机械的分类

起重机械主要按用途和构造特征进行分类。按主要用途分，有通用起重机械、建筑起重机械、冶金起重机械、港口起重机械、铁路起重机械和造船起重机械等。按构造特征分，有桥式起重机械和臂架式起重机械；旋转式起重机械和非旋转式起重机械；固定式起重机械和运行式起重机械。

起重机械分类如图 14-1 所示：

建筑施工中常用的起重机械有：塔式起重机、移动式起重机（包括汽车起重机、轮胎起重机、履带起重机）、施工升降机、物料提升机、装修吊篮等。

（二）起重机械使用特点

常用的起重机有自行式起重机、塔式起重机，它们的特点和适用范围各不相同。

1. 自行式起重机

（1）特点：起重量大，机动性好，可以方便地转移场地，适用

范围广，但对道路、场地要求较高，台班费高和幅度利用率低。

（2）适用范围：适用于单件大、中型设备、构件的吊装。

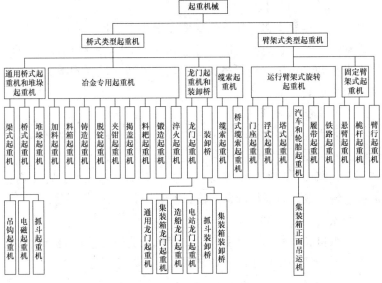

图 14-1 起重机械基本分类

2. 塔式起重机

（1）特点：吊装速度快，幅度利用率高，台班费低。但起重量一般不大，并需要安装和拆卸。

（2）适用范围：适用于在某一范围内数量多，而每一单件质量较小的吊装。

（三）起重机的基本参数

主要有额定起重量、最大幅度、最大起升高度和工作速度等，这些参数是制定吊装技术方案的重要依据。

二、自行式起重机的选用

自行式起重机是工程建设中最常用的起重机之一，掌握其性能和要求，正确地使用和维护，对安全的吊装具有重要意义。

（一）自行式起重机的使用特点

1. 汽车式起重机

吊装时，靠支腿将起重机支撑在地面上。该起重机具有较大的机动性，其行走速度更快，可达到60km/h，不破坏公路路面。但不可在360°范围内进行吊装作业，其吊装区域受到限制，对基础要求也更高。

2. 履带式起重机

一般大吨位起重机较多采用履带式，其对基础的要求也相对较低。并可在一定程度上带载行走。但其行走速度较慢，履带会破坏公路路面。转移场地需要用平板拖车运输。较大的履带式起重机，转移场地时需拆卸、运输、安装。

3. 轮胎式起重机

起重机装于专用底盘上，其行走机构为轮胎，吊装作业的支撑为支腿，其特点介于前两者之间，近年来已用得较少。

（二）自行式起重机的特性曲线

1. 特性曲线表

反映自行式起重机的起重能力随臂长、幅度的变化而变化的规律和反映自行式起重机的最大起升高度随臂长、幅度变化而变化的规律的曲线称为起重机的特性曲线。目前一些大型起重机，为了更方便，其特性曲线往往被量化成表格形式，称为特性曲线表。

2. 起重机特性曲线

自行式起重机的特性曲线规定了起重机在各种工作状态下允许吊装的载荷，反映了起重机在各种工作状态下能够达到的最大起升高度，是正确选择和正确使用起重机的依据。

每台起重机都有其自身的特性曲线，不能换用，即使起重机型号相同也不允许。

(三) 自行式起重机的选用

自行式起重机的选用必须依照其特性曲线进行，选择步骤是：

1. 根据被吊装设备或构件的就位位置、现场具体情况等确定起重机的站车位置，站车位置一旦确定，其幅度也就确定了。

2. 根据被吊装设备或构件的就位高度、设备尺寸、吊索高度和站车位置（幅度），由起重机的特性曲线确定其臂长。

3. 根据上述已确定的幅度、臂长，由起重机的特性曲线确定起重机能够吊装的载荷。

4. 如果起重机能够吊装的载荷大于被吊装设备或构件的质量，则起重机选择合格，否则重选。

(四) 自行式起重机的基础处理

吊装前必须对基础进行试验和验收，按规定对基础进行沉降预压试验。在复杂地基上吊装重型设备，应请专业人员对基础进行专门设计，验收时同样需要进行沉降预压试验。

第三节　起重吊装方案

一、确定起重吊装方案的依据

起重吊装方案是依据一定的基本参数来确定的。具体实施方法和技术措施，主要依据如下：

1. 被吊运重物的质量。一般情况下可依据重物说明书、标牌、货物单来确定或根据材质和物体几何形状用计算的方法确定。

2. 被吊运物体的重心位置及绑扎。确定物体的重心要考虑到重物的形状和内部结构是各种各样的，不但要了解外部形状尺寸，也要了解其内部结构。了解重物的形状、体积、结构的目的是要确定其重心位置，正确地选择吊点及绑扎方法，保证重物不受损坏和吊运安全。例如，机床设备机床头部重尾部轻，重心偏向床头一端。又如：大型电气设备箱，其质量轻，体积大，是薄板箱体结构，吊运时经不起挤压等。

3. 起重吊装作业现场的环境。现场环境对确定起重吊装作业方案和吊装作业安全有直接影响。现场环境是指作业地点进出道路是否畅通，地面土质坚硬程度，吊装设备、厂房的高低宽窄尺寸，地面和空间是否有障碍物，吊运司索指挥人员是否有安全的工作位置，现场是否达到规定的亮度等。

二、起重吊装方案的组成

起重吊装方案由三个方面组成：

1. 起重吊装物体的质量是根据什么条件确定的；物体重心位置在简图上标示，并说明采用什么方法确定的；说明所吊物体的几何形状。

2. 作业现场的布置。确定重物吊运路线及吊运指定位置和重物降落点，标出司索指挥人员的安全位置。

3. 吊点及绑扎方法及起重设备的配备。说明吊点是依据什么选择的，为什么要采用此种绑扎方法，起重设备的额定起重量与吊运物质量有多少余量，并说明起升高度和运行范围。

三、确定起重吊装方案

最后根据作业现场的环境，重物吊运路线及吊运指定位置和起重物质量、重心、重物状况、重物降落点、起重物吊点是否平衡，配备起重设备是否满足需要，进行分析计算，正确制定起重吊装方案，达到安全起吊和就位的目的。

第四节　起重吊装的安全技术

一、起重吊装时绳索的受力计算

物体在起重吊装时绳索在载荷作用下不仅承受拉伸，还同时承受弯曲、剪切和挤压等综合作用，受力是比较复杂的。当多根绳索起吊一个物体时，绳索分支间的夹角大小对其受力影响颇大，下面就绳索和分支角度对其受力影响进行简要分析。

1. 使用单根绳索吊装时的受力

在起重吊运过程中，起重绳索通常是绕过滑轮或卷筒来起吊重物的，此时绳索必然同时承受拉伸、弯曲和挤压作用。实验证明：当滑轮直径 D 小于绳索直径 d 的 6 倍时，绳索的承载能力就会降低，且随着比值 D/d 的减小而使其承载能力急剧减小，其降低程度如图 14-2 所示。

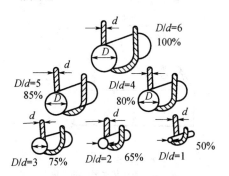

图 14-2　绳索弯曲程度对其承载能力影响示意图

绳扣的承载能力随弯曲程度的变化状况可用折减承载系数 K 来确定（图 14-3）。

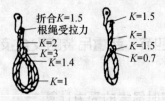

图 14-3 绳扣弯曲程度对其承载能力影响示意图

2. 多根绳索起吊时的受力计算

多根绳索起吊同一物体时，每根分支绳的拉力大小（在受力均布的情况下）与分支绳和水平面构成的夹角大小有直接关系（图 14-4）。

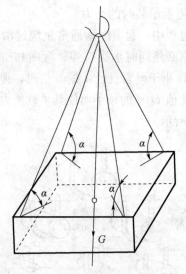

图 14-4 多根绳起吊同一物体示意图

α—每根绳索与水平面的夹角

经常用下式计算每根分支绳的拉力

$$S = \frac{G}{n\sin\alpha} = \frac{G}{n}K$$

式中　G——被起吊物体的质量，N 或 kN；

　　　n——起吊绳索的分支数；

二、起重吊装中的安全技术要求

1. 进行起重吊装前，必须正确计算或估算物体的质量大小及其重心的确切位置，使物体的重心置于捆绑绳吊点范围之内。

2. 在选用绳索时，严格检查捆绑绳索的规格，并保证有足够的长度。

3. 捆绑时，捆绑绳与被吊物体间必须靠紧，不得有间隙，以防止起吊时重物对绳索及起重机的冲击。捆绑必须牢靠，在捆绑绳与金属体间应垫木块等防滑材料，以防吊运过程中吊物移动和滑脱。

4. 当被吊物具有边角尖棱时，为防止捆绑绳被割断，必须保证绳不与边棱接触，可采取措施在绳与被吊物体间垫厚木块，以确保吊运安全。

5. 捆绑完毕后应试吊，在确认物体捆绑牢靠、平衡稳定后可进行吊运。

6. 卸载重物时，也应在确认吊物放置稳妥后才可落钩卸掉重物。

建筑施工特种作业人员考核制度

住房和城乡建设部办公厅关于
建筑施工特种作业人员考核工作的实施意见
（建办质［2008］41号）

各省、自治区建设厅、直辖市建委，江苏省、山东省建管局，新疆生产建设兵团建设局：为规范建筑施工特种作业人员考核管理工作，根据《建筑施工特种作业人员管理规定》（建质［2008］75号），制定以下实施意见：

一、考核目的

为提高建筑施工特种作业人员的素质，防止和减少建筑施工生产安全事故，通过安全技术理论知识和安全操作技能考核，确保取得《建筑施工特种作业操作资格证书》人员具备独立从事相应特种作业工作能力。

二、考核机关

省、自治区、直辖市人民政府建设主管部门或其委托的考核机构负责本行政区域内建筑施工特种作业人员的考核工作。

三、考核对象

在房屋建筑和市政工程（以下简称"建筑工程"）施工现场

从事建筑电工、建筑架子工、建筑起重信号司索工、建筑起重机械司机、建筑起重机械安装拆卸工、高处作业吊篮安装拆卸工以及经省级以上人民政府建设主管部门认定的其他特种作业的人员。

《建筑施工特种作业操作范围》见附件一。

四、考核条件

参加考核人员应当具备下列条件：

（一）年满18周岁且符合相应特种作业规定的年龄要求；

（二）近三个月内经二级乙等以上医院体检合格且无妨碍从事相应特种作业的疾病和生理缺陷；

（三）初中及以上学历；

（四）符合相应特种作业规定的其他条件。

五、考核内容

建筑施工特种作业人员考核内容应当包括安全技术理论和安全操作技能。《建筑施工特种作业人员安全技术考核大纲》（试行）见附件二。

考核内容分掌握、熟悉、了解三类。其中掌握即要求能运用相关特种作业知识解决实际问题，熟悉即要求能较深理解相关特种作业安全技术知识，了解即要求具有相关特种作业的基本知识。

六、考核办法

（一）安全技术理论考核，采用闭卷笔试方式。考核时间为2小时，实行百分制，60分为合格。其中，安全生产基本知识占25％、专业基础知识占25％、专业技术理论占50％。

（二）安全操作技能考核，采用实际操作（或模拟操作）、口试等方式。考核实行百分制，70 分为合格。《建筑施工特种作业人员安全技能考核标准》（试行）见附件三。

（三）安全技术理论考核不合格的，不得参加安全操作技能考核。安全技术理论考试和实际操作技能考核均合格的，为考核合格。

七、其他事项

（一）考核发证机关应当建立健全建筑施工特种作业人员考核、发证及档案管理计算机信息系统，加强考核场地和考核人员队伍建设，注重实际操作考核质量。

（二）首次取得《建筑施工特种作业操作资格证书》的人员实习操作不得少于三个月。实习操作期间，用人单位应当指定专人指导和监督作业。指导人员应当从取得相应特种作业资格证书并从事相关工作 3 年以上、无不良记录的熟练工中选择。实习操作期满，经用人单位考核合格，方可独立作业。

附件一　建筑施工特种作业操作范围
附件二　建筑施工特种作业人员安全技术考核大纲（试行）
附件三　建筑施工特种作业人员安全操作技能考核标准（试行）

中华人民共和国住房和城乡建设部办公厅
二〇〇八年七月十八日

附件一 建筑施工特种作业操作范围

一、建筑电工：在建筑工程施工现场从事临时用电作业；

二、建筑架子工（普通脚手架）：在建筑工程施工现场从事落地式脚手架、悬挑式脚手架、模板支架、外电防护架、卸料平台、洞口临边防护等登高架设、维护、拆除作业；

三、建筑架子工（附着式升降脚手架）：在建筑工程施工现场从事附着式升降脚手架的安装、升降、维护和拆卸作业；

四、建筑起重信号司索工：在建筑工程施工现场从事对起吊物体进行绑扎、挂钩等司索作业和起重指挥作业；

五、建筑起重机械司机（塔式起重机）：在建筑工程施工现场从事固定式、轨道式和内爬升式塔式起重机的驾驶操作；

六、建筑起重机械司机（施工升降机）：在建筑工程施工现场从事施工升降机的驾驶操作；

七、建筑起重机械司机（物料提升机）：在建筑工程施工现场从事物料提升机的驾驶操作；

八、建筑起重机械安装拆卸工（塔式起重机）：在建筑工程施工现场从事固定式、轨道式和内爬升式塔式起重机的安装、附着、顶升和拆卸作业；

九、建筑起重机械安装拆卸工（施工升降机）：在建筑工程施工现场从事施工升降机的安装和拆卸作业；

十、建筑起重机械安装拆卸工（物料提升机）：在建筑工程施工现场从事物料提升机的安装和拆卸作业；

十一、高处作业吊篮安装拆卸工：在建筑工程施工现场从事高处作业吊篮的安装和拆卸作业。

附件二　建筑施工特种作业人员安全技术
考核大纲（试行）

一、建筑电工安全技术考核大纲

二、建筑架子工（普通脚手架）安全技术考核大纲

三、建筑架子工（附着式升降脚手架）安全技术考核大纲

四、建筑起重信号司索工安全技术考核大纲

五、建筑起重机械司机（塔式起重机）安全技术考核大纲

六、建筑起重机械司机（施工升降机）安全技术考核大纲

七、建筑起重机械司机（物料提升机）安全技术考核大纲

八、建筑起重机械安装拆卸工（塔式起重机）安全技术考核大纲

九、建筑起重机械安装拆卸工（施工升降机）安全技术考核大纲

十、建筑起重机械安装拆卸工（物料提升机）安全技术考核大纲

十一、高处作业吊篮安装拆卸工安全技术考核大纲

1. 建筑电工安全技术考核大纲（试行）

1.1　安全技术理论

1.1.1　安全生产基本知识

（1）了解建筑安全生产法律法规和规章制度

（2）熟悉有关特种作业人员的管理制度

（3）掌握从业人员的权利义务和法律责任

（4）熟悉高处作业安全知识

（5）掌握安全防护用品的使用

（6）熟悉安全标志、安全色的基本知识

（7）熟悉施工现场消防知识

（8）了解现场急救知识

（9）熟悉施工现场安全用电基本知识

1.1.2　专业基础知识

（1）了解力学基本知识

（2）了解机械基础知识

（3）熟悉电工基础知识

① 电流、电压、电阻、电功率等物理量的单位及含义

② 直流电路、交流电路和安全电压的基本知识

③ 常用电气元件的基本知识、构造及其作用

④ 三相交流电动机的分类、构造、使用及其保养

1.1.3　专业技术理论

（1）了解常用的用电保护系统的特点

（2）掌握施工现场临时用电 TN-S 系统的特点

（3）了解施工现场常用电气设备的种类和工作原理

（4）熟悉施工现场临时用电专项施工方案的主要内容

（5）掌握施工现场配电装置的选择、安装和维护

（6）掌握配电线路的选择、敷设和维护

（7）掌握施工现场照明线路的敷设和照明装置的设置

（8）熟悉外电防护、防雷知识

（9）了解电工仪表的分类及基本工作原理

（10）掌握常用电工仪器的使用

（11）掌握施工现场临时用电安全技术档案的主要内容

（12）熟悉电气防火措施

（13）了解施工现场临时用电常见事故原因及处置方法

1.2　安全操作技能

1.2.1　掌握施工现场临时用电系统的设置技能

1.2.2 掌握电气元件、导线和电缆规格、型号的辨识能力

1.2.3 掌握施工现场临时用电接地装置的接地电阻、设备绝缘电阻和漏电保护装置参数的测试技能

1.2.4 掌握施工现场临时用电系统故障及电气设备故障的排除技能

1.2.5 掌握利用模拟人进行触电急救操作技能

2. 建筑架子工（普通脚手架）安全技术考核大纲（试行）

2.1 安全技术理论

2.1.1 安全生产基本知识

（1）了解建筑安全生产法律法规和规章制度

（2）熟悉有关特种作业人员的管理制度

（3）掌握从业人员的权利义务和法律责任

（4）熟悉高处作业安全知识

（5）掌握安全防护用品的使用

（6）熟悉安全标志、安全色的基本知识

（7）了解施工现场消防知识

（8）了解现场急救知识

（9）熟悉施工现场安全用电基本知识

2.1.2 专业基础知识

（1）了解力学基本知识

（2）了解建筑识图知识

（3）了解杆件的受力特点

2.1.3 专业技术理论

（1）了解脚手架专项施工方案的主要内容

（2）熟悉脚手架搭设图样

（3）了解脚手架的种类、形式

（4）熟悉脚手架材料的种类、规格及材质要求

（5）熟悉扣件式、碗扣式钢管脚手架和门式脚手架的构造

（6）掌握扣件式、碗扣式钢管脚手架和门式脚手架的搭设和拆除方法

（7）掌握安全网的挂设方法

（8）熟悉脚手架的验收内容和方法

（9）了解脚手架常见事故原因及处置方法

2.2 安全操作技能

2.2.1 掌握辨识脚手架及构配件的名称、功能、规格的能力

2.2.2 掌握辨识不合格脚手架构配件的能力

2.2.3 掌握常用脚手架的搭设和拆除方法

2.2.4 掌握常用模板支架的搭设和拆除方法

3. 建筑架子工（附着式升降脚手架）安全技术考核大纲（试行）

3.1 安全技术理论

3.1.1 安全生产基本知识

（1）了解建筑安全生产法律法规和规章制度

（2）熟悉有关特种作业人员的管理制度

（3）掌握从业人员的权利义务和法律责任

（4）熟悉高处作业的安全知识

（5）掌握安全防护用品的使用

（6）熟悉安全标志、安全色的基本知识

（7）了解施工现场消防知识

（8）了解现场急救知识

（9）熟悉施工现场安全用电基本知识

3.1.2 专业基础知识

（1）熟悉力学基本知识

（2）了解电工基础知识

（3）了解机械基础知识

（4）了解液压基础知识

（5）了解钢结构基础知识

（6）了解起重吊装基本知识

3.1.3　专业技术理论

（1）了解附着升降脚手架专项施工方案的主要内容

（2）熟悉脚手架的种类、形式

（3）熟悉附着升降脚手架的类型和结构

（4）熟悉各种类型附着升降脚手架基本构造、工作原理和基本技术参数

（5）掌握各种附着升降脚手架安全装置的构造、工作原理

（6）掌握附着升降脚手架的搭设、拆卸、升降作业安全操作规程

（7）熟悉升降机构及控制柜的工作原理

（8）掌握附着升降脚手架升降机构及安全装置的维护保养及调试

（9）熟悉附着升降脚手架的验收内容和方法

（10）了解附着升降脚手架常见事故原因及处置方法

3.2　安全操作技能

3.2.1　掌握附着升降脚手架的搭设、拆除方法

3.2.2　掌握附着升降脚手架提升和下降及提升和下降前、后操作内容、方法

3.2.3　掌握附着升降脚手架提升和下降过程中的监控方法

3.2.4　掌握附着升降脚手架升降机构及安全装置常见故障判断及处置方法

3.2.5　掌握附着升降脚手架架体的防护和加固方法

3.2.6　掌握紧急情况处置方法

4. 建筑起重信号司索工安全技术考核大纲（试行）

4.1　安全技术理论

4.1.1　安全生产基本知识

（1）了解建筑安全生产法律法规和规章制度

（2）熟悉有关特种作业人员的管理制度

（3）掌握从业人员的权利义务和法律责任

（4）熟悉高处作业安全知识

（5）掌握安全防护用品的使用

（6）熟悉安全标志、安全色的基本知识

（7）了解施工现场消防知识

（8）了解现场急救知识

（9）熟悉施工现场安全用电基本知识

4.1.2 专业基础知识

（1）熟悉力学基础知识

（2）了解机械基础知识

（3）了解液压传动知识

4.1.3 专业技术理论

（1）了解常用起重机械的分类、主要技术参数、基本构造及其工作原理

（2）熟悉物体的质量和重心的计算、物体的稳定性等知识

（3）掌握起重吊点的选择和物体绑扎、吊装等基本知识

（4）掌握吊装索具、吊具等的选择、安全使用方法、维护保养和报废标准

（5）熟悉两台或多台起重机械联合作业的安全理论知识和负荷分配方法

（6）掌握起重信号司索作业的安全技术操作规程

（7）了解起重信号司索作业常见事故原因及处置方法

（8）掌握《起重吊运指挥信号》（GB5082）的内容

4.2 安全操作技能

4.2.1 掌握起重指挥信号的运用

4.2.2 掌握正确装置绳卡的基本要领和滑轮穿绕的操作技能

4.2.3 掌握常用绳结的编打方法并说明其应用场合

4.2.4 掌握钢丝绳、卸扣、吊环、绳卡等起重索具、吊具，以及常用起重机具的识别判断能力

4.2.5 掌握钢丝绳、吊钩报废标准

4.2.6 掌握钢丝绳、卸扣、吊链的破断拉力、允许拉力的计算

4.2.7 掌握常见基本形状物体的质量估算能力，并能判断出物体的重心，合理选择吊点

5. 建筑起重机械司机（塔式起重机）安全技术考核大纲（试行）

5.1 安全技术理论

5.1.1 安全生产基本知识

（1）了解建筑安全生产法律法规和规章制度

（2）熟悉有关特种作业人员的管理制度

（3）掌握从业人员的权利义务和法律责任

（4）熟悉高处作业安全知识

（5）掌握安全防护用品的使用

（6）熟悉安全标志、安全色的基本知识

（7）了解施工现场消防知识

（8）了解现场急救知识

（9）熟悉施工现场安全用电基本知识

5.1.2 专业基础知识

（1）了解力学基本知识

（2）了解电工基础知识

（3）熟悉机械基础知识

（4）了解液压传动知识

5.1.3 专业技术理论

（1）了解塔式起重机的分类

（2）熟悉塔式起重机的基本技术参数

（3）熟悉塔式起重机的基本构造与组成

（4）熟悉塔式起重机的基本工作原理

（5）熟悉塔式起重机的安全技术要求

（6）熟悉塔式起重机安全防护装置的结构、工作原理

（7）了解塔式起重机安全防护装置的维护保养、调试

（8）熟悉塔式起重机试验方法和程序

（9）熟悉塔式起重机常见故障的判断与处置方法

（10）熟悉塔式起重机的维护与保养的基本常识

（11）掌握塔式起重机主要零部件及易损件的报废标准

（12）掌握塔式起重机的安全技术操作规程

（13）了解塔式起重机常见事故原因及处置方法

（14）掌握《起重吊运指挥信号》（GB 5082）内容

5.2　安全操作技能

5.2.1　掌握吊起水箱定点停放操作技能

5.2.2　掌握吊起水箱绕木杆运行和击落木块的操作技能

5.2.3　掌握常见故障识别判断的能力

5.2.4　掌握塔式起重机吊钩、滑轮和钢丝绳的报废标准

5.2.5　掌握识别起重吊运指挥信号的能力

5.2.6　掌握紧急情况处置技能

6. 建筑起重机械司机（施工升降机）安全技术考核大纲（试行）

6.1　安全技术理论

6.1.1　安全生产基本知识

（1）了解建筑安全生产法律法规和规章制度

（2）熟悉有关特种作业人员的管理制度

（3）掌握从业人员的权利义务和法律责任

（4）熟悉高处作业安全知识

（5）掌握安全防护用品的使用

（6）熟悉安全标志、安全色的基本知识

（7）了解施工现场消防知识

（8）了解现场急救知识

（9）熟悉施工现场安全用电基本知识

6.1.2　专业基础知识

（1）了解力学基本知识

（2）了解电工基本知识

（3）熟悉机械基本知识

（4）了解液压传动知识

6.1.3　专业技术理论

（1）了解施工升降机的分类、性能

（2）熟悉施工升降机的基本技术参数

（3）熟悉施工升降机的基本构造和基本工作原理

（4）掌握施工升降机主要零部件的技术要求及报废标准

（5）熟悉施工升降机安全保护装置的结构、工作原理和使用要求

（6）熟悉施工升降机安全保护装置的维护保养和调整（试）方法

（7）掌握施工升降机的安全使用和安全操作

（8）掌握施工升降机驾驶员的安全职责

（9）熟悉施工升降机的检查和维护保养常识

（10）熟悉施工升降机常见故障的判断和处置方法

（11）了解施工升降机常见事故原因及处置方法

6.2　安全操作技能

6.2.1　掌握施工升降机操作技能

6.2.2　掌握主要零部件的性能及可靠性的判定

6.2.3　掌握安全器动作后检查与复位处理方法

6.2.4　掌握常见故障的识别、判断

6.2.5　掌握紧急情况处置方法

7. 建筑起重机械司机（物料提升机）安全技术考核大纲（试行）

7.1　安全技术理论

7.1.1　安全生产基本知识

（1）了解建筑安全生产法律法规和规章制度

（2）熟悉有关特种作业人员的管理制度

（3）掌握从业人员的权利义务和法律责任

（4）熟悉高处作业安全知识

（5）掌握安全防护用品的使用

（6）熟悉安全标志、安全色的基本知识

（7）了解施工现场消防知识

（8）了解现场急救知识

（9）熟悉施工现场安全用电基本知识

7.1.2　专业基础知识

（1）了解力学基本知识

（2）了解电工基本知识

（3）熟悉机械基础知识

7.1.3　专业技术理论

（1）了解物料提升机的分类、性能

（2）熟悉物料提升机的基本技术参数

（3）了解力学的基本知识、架体的受力分析

（4）了解钢桁架结构基本知识

（5）熟悉物料提升机技术标准及安全操作规程

（6）熟悉物料提升机基本结构及工作原理

（7）熟悉物料提升机安全装置的调试方法

（8）熟悉物料提升机维护保养常识

（9）了解物料提升机常见事故原因及处置方法

7.2　安全操作技能

7.2.1　掌握物料提升机的操作技能

7.2.2　掌握主要零部件的性能及可靠性的判定

7.2.3　掌握常见故障的识别、判断

7.2.4　掌握紧急情况处置方法

8. 建筑起重机械安装拆卸工（塔式起重机）安全技术考核大纲（试行）

8.1　安全技术理论

8.1.1　安全生产基本知识

（1）了解建筑安全生产法律法规和规章制度

（2）熟悉有关特种作业人员的管理制度

（3）掌握从业人员的权利义务和法律责任

（4）掌握高处作业安全知识

（5）掌握安全防护用品的使用

（6）熟悉安全标志、安全色的基本知识

（7）了解施工现场消防知识

（8）了解现场急救知识

（9）熟悉施工现场安全用电基本知识

8.1.2　专业基础知识

（1）熟悉力学基本知识

（2）了解电工基础知识

（3）熟悉机械基础知识

（4）熟悉液压传动知识

（5）了解钢结构基础知识

（6）熟悉起重吊装基本知识

8.1.3　专业技术理论

（1）了解塔式起重机的分类

（2）掌握塔式起重机的基本技术参数

（3）掌握塔式起重机的基本构造和工作原理

（4）熟悉塔式起重机基础、附着及塔式起重机稳定性知识

（5）了解塔式起重机总装配图及电气控制原理知识

（6）熟悉塔式起重机安全防护装置的构造和工作原理

（7）掌握塔式起重机安装、拆卸的程序、方法

（8）掌握塔式起重机调试和常见故障的判断与处置

（9）掌握塔式起重机安装自检的内容和方法

（10）了解塔式起重机的维护保养的基本知识

（11）掌握塔式起重机主要零部件及易损件的报废标准

（12）掌握塔式起重机安装、拆除的安全操作规程

（13）了解塔式起重机安装、拆卸常见事故原因及处置方法

（14）熟悉《起重吊运指挥信号》（GB5082）内容

8.2 安全操作技能

8.2.1 掌握塔式起重机安装、拆卸前的检查和准备

8.2.2 掌握塔式起重机安装、拆卸的程序、方法和注意事项

8.2.3 掌握塔式起重机调试和常见故障的判断

8.2.4 掌握塔式起重机吊钩、滑轮、钢丝绳和制动器的报废标准

8.2.5 掌握紧急情况处置方法

9. 建筑起重机械安装拆卸工（施工升降机）安全技术考核大纲（试行）

9.1 安全技术理论

9.1.1 安全生产基本知识

（1）了解建筑安全生产法律法规和规章制度

（2）熟悉有关特种作业人员的管理制度

（3）掌握从业人员的权利义务和法律责任

（4）掌握高处作业安全知识

（5）掌握安全防护用品的使用

（6）熟悉安全标志、安全色的基本知识

(7) 了解施工现场消防知识

(8) 了解现场急救知识

(9) 熟悉施工现场安全用电基本知识

9.1.2 专业基础知识

(1) 熟悉力学基本知识

(2) 了解电工基本知识

(3) 掌握机械基本知识

(4) 了解液压传动基础知识

(5) 了解钢结构基础知识

(6) 熟悉起重吊装基本知识

9.1.3 专业技术理论

(1) 了解施工升降机的分类、性能

(2) 熟悉施工升降机的基本技术参数

(3) 掌握施工升降机的基本构造和工作原理

(4) 熟悉施工升降机主要零部件的技术要求及报废标准

(5) 熟悉施工升降机安全保护装置的构造、工作原理

(6) 掌握施工升降机安全保护装置的调整（试）方法

(7) 掌握施工升降机的安装、拆除的程序、方法

(8) 掌握施工升降机安装、拆除的安全操作规程

(9) 掌握施工升降机主要零部件安装后的调整（试）

(10) 熟悉施工升降机维护保养要求

(11) 掌握施工升降机安装自检的内容和方法

(12) 了解施工升降机安装、拆卸常见事故原因及处置方法

9.2 安全操作技能

9.2.1 掌握施工升降机安装、拆卸前的检查和准备

9.2.2 掌握施工升降机的安装、拆卸工序和注意事项

9.2.3 掌握主要零部件的性能及可靠性的判定

9.2.4 掌握防坠安全器动作后的检查与复位处理方法

9.2.5　掌握常见故障的识别、判断

9.2.6　掌握紧急情况处置方法

10. 建筑起重机械安装拆卸工（物料提升机）安全技术考核大纲（试行）

10.1　安全技术理论

10.1.1　安全生产基本知识

(1) 了解建筑安全生产法律法规和规章制度

(2) 熟悉有关特种作业人员的管理制度

(3) 掌握从业人员的权利义务和法律责任

(4) 熟悉高处作业安全知识

(5) 掌握安全防护用品的使用

(6) 熟悉安全标志、安全色的基本知识

(7) 了解施工现场消防知识

(8) 了解现场急救知识

(9) 熟悉施工现场安全用电基本知识

10.1.2　专业基础知识

(1) 熟悉力学基本知识

(2) 了解电学基本知识

(3) 熟悉机械基础知识

(4) 了解钢结构基础知识

(5) 熟悉起重吊装基本知识

10.1.3　专业技术理论

(1) 了解物料提升机的分类、性能

(2) 熟悉物料提升机的基本技术参数

(3) 掌握物料提升机的基本结构和工作原理

(4) 掌握物料提升机安装、拆卸的程序、方法

(5) 掌握物料提升机安全保护装置的结构、工作原理和调整（试）方法

（6）掌握物料提升机安装、拆卸的安全操作规程

（7）掌握物料提升机安装自检内容和方法

（8）熟悉物料提升机维护保养要求

（9）了解物料提升机安装、拆卸常见事故原因及处置方法

10.2　安全操作技能

10.2.1　掌握装拆工具、起重工具、索具的使用

10.2.2　掌握钢丝绳的选用、更换、穿绕、固定

10.2.3　掌握物料提升机架体、提升机构、附墙装置或缆风绳的安装、拆卸

10.2.4　掌握物料提升机的各主要系统安装调试

10.2.5　掌握紧急情况应急处置方法

11. 高处作业吊篮安装拆卸工安全技术考核大纲

11.1　安全技术理论

11.1.1　安全生产基本知识

（1）了解建筑安全生产法律法规和规章制度

（2）熟悉有关特种作业人员的管理制度

（3）掌握从业人员的权利义务和法律责任

（4）熟悉高处作业安全知识

（5）掌握安全防护用品的使用

（6）熟悉安全标志、安全色的基本知识

（7）了解施工现场消防知识

（8）了解现场急救知识

（9）熟悉施工现场安全用电基本知识

11.1.2　专业基础知识

（1）了解力学基本知识

（2）了解电工基础知识

（3）了解机械基础知识

11.1.3　专业技术理论

（1）了解高处作业吊篮分类及标记方法

（2）熟悉常用高处作业吊篮的构造特点

（3）熟悉高处作业吊篮主要性能参数

（4）熟悉高处作业吊篮提升机的性能、工作原理及调试方法

（5）掌握高处作业吊篮安全锁、提升机的构造、工作原理

（6）掌握钢丝绳的性能、承载能力和报废标准

（7）了解电气控制元器件的分类和功能

（8）掌握悬挂机构的结构和工作原理

（9）掌握高处作业吊篮安装、拆卸的安全操作规程

（10）掌握高处作业吊篮安装自检内容和方法

（11）熟悉高处作业吊篮的维护保养

（12）了解高处作业吊篮安装、拆卸事故原因及处置方法

11.2　安全操作技能

11.2.1　掌握高处作业吊篮安装、拆卸的方法和程序

11.2.2　掌握主要零部件的性能、作用及报废标准

11.2.3　掌握高处作业吊篮安全装置的调试

11.2.4　掌握操作人员安全绳的固定方法

11.2.5　掌握高处作业吊篮的运行操作及手动下降方法

11.2.6　掌握紧急情况处置方法

附件三 建筑施工特种作业人员安全操作技能考核标准（试行）

一、建筑电工安全操作技能考核标准

二、建筑架子工（普通脚手架）安全操作技能考核标准

三、建筑架子工（附着升降脚手架）安全操作技能考核标准

四、建筑起重信号司索工安全操作技能考核标准

五、建筑起重机械司机（塔式起重机）安全操作技能考核标准

六、建筑起重机械司机（施工升降机）安全操作技能考核标准

七、建筑起重机械司机（物料提升机）安全操作技能考核标准

八、建筑起重机械安装拆卸工（塔式起重机）安全操作技能考核标准

九、建筑起重机械安装拆卸工（施工升降机）安全操作技能考核标准

十、建筑起重机械安装拆卸工（物料提升机）安全操作技能考核标准

十一、高处作业吊篮安装拆卸工安全操作技能考核标准

1. 建筑电工安全操作技能考核标准

1.1 设置施工现场临时用电系统

1.1.1 考核设备和器具

（1）设备：总配电箱、分配电箱、开关箱（或模板）各1个，用电设备1台，电气元件若干，电缆、导线若干；

（2）测量仪器：万用表、兆欧表（绝缘电阻测试仪）、漏电保护器测试仪、接地电阻测试仪；

（3）其他器具：十字口螺丝刀、一字口螺丝刀、电工钳、电

工刀、剥线钳、尖嘴钳、扳手、钢板尺、钢卷尺、千分尺、计时器等；

（4）个人安全防护用品。

1.1.2 考核方法

（1）根据图纸在模板上组装总配电箱电气元件；

（2）按照规定的临时用电方案，将总配电箱、分配电箱、开关箱与用电设备进行连接，并通电试验。

1.1.3 考核时间：90min。 具体可根据实际考核情况调整。

1.1.4 考核评分标准

满分 60 分。考核评分标准见表 1.1。各项目所扣分数总和不得超过该项应得分值。

表 1.1 考核评分标准

序号	扣分标准	应得分值
1	电线、电缆选择使用错误，每处扣 2 分	8
2	漏电保护器、断路器、开关选择使用错误，每处扣 3 分	8
3	电流表、电压表、电度表、互感器连接错误，每处扣 2 分	8
4	导线连接及接地、接零错误或漏接，每处扣 3 分	8
5	导线分色错误，每处扣 2 分	4
6	用电设备通电试验不能运转，扣 10 分	10
7	设置的临时用电系统达不到 TN—S 系统要求的，扣 14 分	14

合计 60

1.2 测试接地装置的接地电阻、用电设备绝缘电阻、漏电保护器参数

1.2.1 考核设备和器具

（1）接地装置 1 组、用电设备 1 台、漏电保护器 1 只；

（2）接地电阻测试仪、兆欧表（绝缘电阻测试仪）、漏电保护器测试仪、计时器；

（3）个人安全防护用品。

1.2.2 考核方法

使用相应仪器测量接地装置的接地电阻值、测量用电设备绝缘电阻、测量漏电保护器参数。

1.2.3 考核时间：15min。具体可根据实际考核情况调整。

1.2.4 考核评分标准

满分 15 分。完成一项测试项目，且测量结果正确的，得 5 分。

1.3 临时用电系统及电气设备故障排除

1.3.1 考核设备和器具

（1）施工现场临时用电模拟系统 2 套，设置故障点 2 处；

（2）相关仪器、仪表和电工工具、计时器；

（3）个人安全防护用品。

1.3.2 考核方法

查找故障并排除。

1.3.3 考核时间：15min。

1.3.4 考核评分标准

满分 15 分。在规定时间内查找出故障并正确排除的，每处得 7.5 分；查找出故障但未能排除的，每处得 4 分。

1.4 利用模拟人进行触电急救操作

1.4.1 考核器具

（1）心肺复苏模拟人 1 套；

（2）消毒纱布面巾或一次性吹气膜、计时器等。

1.4.2 考核方法

设定心肺复苏模拟人呼吸、心跳停止，工作频率设定为 100 次/min 或 120 次/min，设定操作时间 250 秒。由考生在规定时间内完成以下操作：

（1）将模拟人气道放开，人工口对口正确吹气 2 次；

（2）按单人国际抢救标准比例 30∶2 一个循环进行胸外按压与人工呼吸，即正确胸外按压 30 次，正确人工呼吸口吹气 2 次；连续操作完成 5 个循环。

1.4.3　考核时间：5min。具体可根据实际考核情况调整。

1.4.4　考核评分标准

满分 10 分。在规定时间内完成规定动作，仪表显示"急救成功"的，得 10 分；动作正确，仪表未显示"急救成功"的，得 5 分；动作错误的，不得分。

2. 建筑架子工（普通脚手架）操作技能考核标准（试行）

2.1　现场搭设双排落地扣件式钢管脚手架

2.1.1　考核场地、设施

（1）具备搭设脚手架条件的场地；

（2）具备搭设脚手架条件的建筑物或构筑物。

2.1.2　考核料具

（1）钢管：规格 φ48×3.5，长度 6m、5m、4m、3m、2m、1.5m 若干；

（2）扣件：直角扣件、旋转扣件、对接扣件若干；

（3）垫木、底座、脚手板（木脚手板、钢脚手板或者竹脚手板）、挡脚板、密目式安全网、安全平网、系绳、铅丝若干；

（4）工具：钢卷尺、扳手、扭力扳手、计时器；

（5）个人安全防护用品。

2.1.3　考核方法

每 6～8 名考生为一组，搭设一宽 5 跨、高 5 步的双排落地扣件式钢管脚手架。脚手架步距 1.8m，纵距 1.5m，横距 1.3m；连墙件按二步三跨设置；操作层设置在第四步处。

2.1.4　考核时间：180min。具体可根据实际考核情况调整。

2.1.5　考核评分标准

满分 70 分。考核评分标准见表 2.1。第 1～10 项为集体考核项目，考核得分即为每个人得分；第 11～12 项为个人考核项目。各项目所扣分数总和不得超过该项应得分值。

表 2.1　考核评分标准

序号	项目	扣分标准	应得分值
1	垫木和底座	未设置垫木的，扣 6 分；设置不正确的，每处扣 2 分；未设置底座的，每处扣 2 分	6
2	立杆	杆件间距尺寸偏差超过规定值的，每处扣 2 分；立杆垂直度偏差超过规定值的，每处扣 2 分；连接不正确的，每处扣 2 分	6
3	扫地杆	未设置扫地杆的，扣 6 分；设置不正确的，每处扣 2 分	6
4	纵向水平杆	杆件间距尺寸偏差超过规定值的，每处扣 1 分；设置不正确的，每处扣 2 分	4
5	横向水平杆	未设置横向水平杆的，每处扣 2 分；设置不正确的，每处扣 1 分	4
6	连墙件	连墙件数量不足的，每缺少一处扣 4 分；设置位置错误的，每处扣 2 分；设置方法错误的，每处扣 2 分	8
7	剪刀撑	未设置剪刀撑的，扣 6 分；设置不正确的，每处扣 2 分	6
8	扣件拧紧扭力矩	随机抽查 4 个扣件的拧紧扭力矩，不符合要求的，每处扣 2 分	4
9	安全网	未设置首层平网的，扣 4 分；未设置随层平网的，扣 4 分；未挂设密目式安全网的，扣 4 分；安全网设置不符合要求的，每处扣 2 分	8
10	操作层防护	未设置挡脚板的，扣 4 分；设置不正确的，每处扣 2 分。未设置防护栏杆的，扣 4 分；设置不正确的，每处扣 2 分。未设置脚手板的，扣 8 分；未满铺的，扣 2～6 分。未按规定进行对接或搭接的，每处扣 2 分；出现探头板的，扣 8 分	8

序号	项目	扣分标准	应得分值
11	个人安全防护用品使用	未佩戴安全帽的，扣4分；佩戴不正确的，扣2分。高处悬空作业时未系安全带的，扣4分；系挂不正确的，扣2分	4
12	扭力扳手的使用	不能正确使用扭力扳手测量扣件拧紧扭力矩的，扣6分	6

合计 70

说明：1. 本考题中脚手架的步距、纵距和横距，各地可根据当地实际情况，依据《建筑施工扣件式钢管脚手架安全技术规范》(JGJ130—2011) 自行确定；

2. 本考题也可采用碗扣式脚手架、门式脚手架、竹脚手架、木脚手架，考核项目和评分标准由各地自行拟定。

2.2 查找满堂脚手架（模板支架）存在的安全隐患

2.2.1 考核设备和器具

（1）已搭设好的模板支架，高度 3～5m，上部无荷载。其中设置构造缺陷（问题）若干处；

（2）个人安全防护用品、计时器 1 个。

2.2.2 考核方法

由考生检查已搭设好的模板支架，在规定时间内查找出 5 处存在的缺陷（问题）并说明原因。

2.2.3 考核时间：20min。

2.2.4 考核评分标准

满分 20 分。在规定时间内每准确查找出一处缺陷（问题）并正确说明原因的，得 4 分；查找出缺陷（问题）但未正确说明原因的，得 2 分。

2.3 扣件式钢管脚手架部件的判废

2.3.1 考核器具

（1）钢管、扣件等实物或图示、影像资料（包括达到报废标准和有缺陷的）；

（2）其他器具：计时器 1 个。

2.3.2 考核方法

（1）从钢管实物或图示、影像资料中随机抽取 2 件（张），由考生判断其是否存在缺陷或达到报废标准，并说明原因。

（2）从扣件实物或图示、影像资料中随机抽取 2 件（张），由考生判断其是否存在缺陷或达到报废标准，并说明原因。

2.3.3 考核时间：10min。

2.3.4 考核评分标准

满分 10 分。在规定时间内能正确判断并说明原因的，每项得 2.5 分；判断正确但不能准确说明原因的，每项得 1.5 分。

3. 建筑架子工（附着升降脚手架）安全操作技能考核标准（试行）

3.1 附着升降脚手架现场安装、升降作业

3.1.1 考核场地、设施

（1）具备搭设附着升降脚手架条件的场地；

（2）具备搭设附着升降脚手架条件的建筑物或构筑物。

3.1.2 考核料具

（1）钢管：规格 $\Phi 48 \times 3.5$，长度 6m、5m、4m、3m、2m、1.2m 若干（其中包含不合格品）；

（2）扣件：直角扣件、旋转扣件、对接扣件、防滑扣件若干（其中包含不合格品）；

（3）设备：三套升降机构（动力设备为电动葫芦）、便携式控制箱；

（4）水平梁（桁）架、竖向主框架及配件；

（5）方木、脚手板、挡脚板、密目式安全网、安全平网、系绳、铁丝若干；

（6）工具：钢卷尺、扳手、小钢锯、水平尺、线锤、钢丝钳、计时器等；

（7）个人安全防护用品。

3.1.3　考核方法

A　三套升降机构的附着升降脚手架安装

每次 3 组、每 4 位考生一组，3 组共同按照图 3.1.3 搭设包含带转角、三套升降机构的附着升降脚手架。上部为扣件式钢管脚手架，长 8 跨、高 2～5 步。

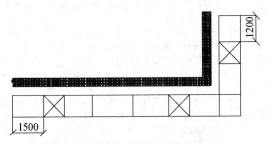

图 3.1.3　架体搭设平面布置示意图

B　升降作业

每次 3 组、每 4 位考生一组，每组负责一个机位，操作三套升降机构的升降作业。

3.1.4　考核时间：100min。具体可根据实际考核情况调整。

3.1.5　考核评分标准

A　三套升降机构的附着升降脚手架安装

满分 80 分，考核评分标准见表 3.1.5.1。第 1～12 项为集体考核项目，考核得分即为每个人得分；第 13 项为个人考核项目。各项目所扣分数总和不得超过该项应得分值。

表 3.1.5.1　考核评分标准

序号	项目	扣分标准	应得分值
1	材料选用	使用不合格的钢管、扣件的，每件扣 2 分	4
2	水平梁（桁）架、竖向主框架安装	水平梁（桁）架及竖向主框架在两相邻着支承结构处的高差超过规定值的，每处扣 2 分。竖向主框架和防倾装置的垂直偏差超过规定值的，每处扣 2 分；使用扣件连接的，每处扣 2 分	8

215

序号	项目	扣分标准	应得分值
3	杆件间距	杆件间距尺寸偏差超过规定值的，每处扣2分	4
4	水平杆	纵向水平杆间距尺寸偏差超过规定值的，每处扣1分；设置不正确的，每处扣2分。未设置横向水平杆的，每处扣2分；设置不正确的，每处扣1分	4
5	立杆	立杆垂直度偏差超过规定值的，每处扣2分；连接不正确的，每处扣2分	4
6	操作层防护	未设置挡脚板的，扣4分；设置不正确的，每处扣2分。未设置防护栏杆的，扣4分；设置不正确的，每处扣2分。未设置脚手板的，扣8分；未满铺，扣2～6分。未按规定进行对接或搭接的，每处扣2分；出现探头板的，扣8分	8
7	扣件拧紧扭力矩	随机抽查4个扣件的拧紧扭力矩，不符合要求的，每处扣2分	4
8	安全网	未设置首层平网、作业层平网和密目式安全网的，每项扣4分；设置不符合要求的，每处扣2分	8
9	附着支承结构安装	穿墙螺杆松动、双螺母缺失的，每处扣4分。未设置垫板的，每处扣4分；垫板不符合要求的，每处扣2分	8
10	电动葫芦及连接件的安装	电动葫芦安装不牢固、传动部分不灵活的，每处扣2分。连接件缺损的，扣4分；使用非标准连接件的，扣4分；安装不牢固的，扣4分	12
11	防倾装置安装	防倾导轨（座）变形、导轮缺损的，每处扣2分；防倾导轨（座）、导轮安装不牢的，每处扣2分	4
12	防坠装置调试	调试不到位、动作不可靠的，每处扣4分	8
13	个人安全防护用品使用	未佩戴安全帽的，扣4分；佩戴不正确的，扣2分。高处悬空作业未系安全带的，扣4分；系挂不正确的扣2分	4

合计80

B 升降作业

满分80分，考核评分标准见表3.1.5.2。第1～13项为集体考核项目，考核得分即为每个人得分；第14项为个人考核项目。各项目所扣分数总和不得超过该项应得分值。

表 3.1.5.2 考核评分标准

序号	项目		扣分标准	应得分值
1	升降前作业	连墙构件安装、检查	穿墙螺杆固定不牢、缺失螺母的，每处扣4分；未设置垫板的，每处扣4分；垫板不符合要求的，每处扣2分	8
2		电动葫芦及连接件的安装	电动葫芦传动不灵，各个电动葫芦预紧张力不均，环链铰接的，每处扣4分。连接件固定不牢、受力不均的，每处扣2分；使用非标准连接件的，每处扣2分	10
3		供、用电线路检查	未对供、用电线路检查的，扣4分；电缆缠绕、绑扎不牢的，每处扣2分	4
4		防倾装置检查	防倾导轨（座）固定不牢、导轮有破损的，每处扣3分	6
5		防坠装置调试	未进行调试复位的，每处扣4分	8
6		障碍物清理	未对妨碍升降的障碍物进行清理的，每处扣2分	4
7	升降作业	相邻提升点间的高差	相邻提升点间的高差调整达不到标准要求的，扣4分	4
8		架体垂直度	架体垂直度调整达不到标准要求的，扣4分	4
9		架体与墙体距离	架体与墙体距离调整达不到标准要求的，扣4分	4

续表

序号	项目		扣分标准	应得分值
10	升降后作业	防坠装置锁定	电动葫芦卸载前，防坠装置未可靠锁定的，每处扣4分	8
11		防倾装置检查	防倾导轨（座）固定不牢、导轮有破损的，每处扣3分	6
12		架体加固	未按标准要求设置架体与墙体间硬拉结的，每少一处扣3分	6
13		架体与墙体间防护	架体与墙体间的封闭未恢复的，扣4分；封闭不严的，每处扣2分	4
14		个人安全防护用品使用	未佩戴安全帽的，扣4分；佩戴不正确的，扣2分。高处悬空作业时未系安全带的，扣4分；系挂不正确的，扣2分	4

合计80

说明：1. 本考题分A、B两个题，即附着升降脚手架安装和升降作业，在考核时可任选一题；

2. 本考题也可采用液压等其他动力升降形式的附着升降脚手架，考核项目和考核评分标准由各地自行拟定。

3. 考核过程中，现场应设置2名以上的考评人员。

3.2　故障识别判断

3.2.1　考核器具

（1）设置电动葫芦卡链、防倾装置出轨等故障；

（2）其他器具：计时器1个。

3.2.2　考核方法

由考生识别判断电动葫芦卡链、防倾装置出轨等故障（对每个考生只设置两个）。

3.2.3　考核时间：15min。

3.2.4　考核评分标准

满分10分。在规定时间内正确识别判断的，每项得5分。

3.3 紧急情况处置

3.3.1 考核器具

(1) 设置相邻机位不同步、突然断电等紧急情况或图示、影像资料;

(2) 其他器具:计时器1个。

3.3.2 考核方法

由考生对相邻机位不同步、突然断电等紧急情况或图示、影像资料中所示的紧急情况进行描述,并口述处置方法。对每个考生设置一种。

3.3.3 考核时间:10min。

3.3.4 考核评分标准

满分10分。在规定时间内对存在的问题描述正确并正确叙述处置方法的,得10分;对存在的问题描述正确,但未能正确叙述处置方法的,得5分。

4. 建筑起重信号司索工安全操作技能考核标准(试行)

4.1 起重吊运指挥信号的运用

4.1.1 考核器具

(1) 起重吊运指挥信号用红、绿色旗1套,指挥用哨子1只,计时器1个;

(2) 个人安全防护用品。

4.1.2 考核方法

在考评人员的指挥下,考生分别使用音响信号与手势信号配合、音响信号与旗语信号配合,各完成《起重吊运指挥信号》(GB5082)中规定的5个指挥信号动作。

4.1.3 考核时间:10min。具体可根据实际模拟情况调整。

4.1.4 考核评分标准

满分30分。按标准完成一个动作得3分。

4.2 装置绳卡

4.2.1 考核器具

(1) 三种不同规格钢丝绳（每种钢丝绳长度为3~4m）；

(2) 不同规格的绳卡各5只；

(3) 其他器具：扳手2把、计时器1个；

(4) 个人安全防护用品。

4.2.2 考核方法

由考生装置一组钢丝绳绳卡。

4.2.3 考核时间：10min。

4.2.4 考核评分标准

满分10分。绳卡规格与钢丝绳不匹配的（或者绳卡数量不符合要求、绳卡设置方向错误的），不得分。螺栓扣紧度、绳卡间距、安全弯（绳头）设置不符合要求的，每项扣2分。

4.3 穿绕滑轮组

4.3.1 考核器具

(1) 滑轮组2副，长度为4m的麻绳（或化学纤维绳）2根，计时器1个；

(2) 个人安全防护用品。

4.3.2 考核方法

由考生分别采用顺穿法和花穿法各穿绕一副滑轮组。

4.3.3 考核时间：5min。

4.3.4 考核评分标准

满分10分。在规定时间内穿绕正确、规范的，每副得5分；穿绕基本正确，但不规范的，每副得2分。

4.4 编打绳结

4.4.1 考核器具

(1) 长度1m的麻绳（或化学纤维绳）若干段；

（2）其他器具：计时器1个。

4.4.2　考核方法

由考生编打两种绳结，并说明其应用场合。

4.4.3　考核时间：5min。

4.4.4　考核评分标准

满分10分。在规定时间内编打正确，并正确说明其应用场合的，每种得5分；编打正确，但不能正确说明其应用场合的，每种得3分；编打错误，但能够正确说明其应用场合的，每种得2分。

4.5　起重吊具、索具和机具的识别判断

4.5.1　考核器具

（1）不同规格的钢丝绳若干；

（2）卸扣、绳卡、千斤顶、倒链滑车、绞磨、手扳葫芦、电动葫芦等起重吊、索具和机具实物或图示、影像资料；

（3）其他器具：计时器1个。

4.5.2　考核方法

（1）随机抽取2根不同规格的钢丝绳，由考生判断钢丝绳的规格；

（2）从起重吊、索具和机具实物或图示、影像资料中随机抽取5种，由考生识别并说明其名称。

4.5.3　考核时间：10min。

4.5.4　考核评分标准

满分10分。在规定时间内正确判断一种规格钢丝绳，得2.5分；在规定时间内正确识别一种起重吊具、索具和机具的，得1分。

4.6　钢丝绳、卸扣、绳卡和吊钩的判废

4.6.1　考核器具

（1）钢丝绳、卸扣、绳卡、吊钩等实物或图示、影像资料（包括达到报废标准和有缺陷的）；

（2）其他器具：计时器1个。

4.6.2 考核方法

从钢丝绳、卸扣、吊钩、绳卡实物或图示、影像资料中随机抽取4件（张），由考生判断其是否达到报废标准或有缺陷，并说明原因。

4.6.3 考核时间：8min。

4.6.4 考核评分标准

满分10分。在规定时间内正确判断并说明原因的，每项得2.5分；判断正确但不能准确说明原因的，每项得1分。

4.7 质量估算

4.7.1 考核器具

（1）各种规格钢丝绳、麻绳若干；

（2）钢构件（管、线、板、型材组成的简单构件）实物或图示、影像资料；

（3）其他器具：计时器1个；

（4）个人安全防护用品。

4.7.2 考核方法

（1）从各种规格钢丝绳、麻绳中随机分别抽取一种规格的钢丝绳和麻绳，由考生分别计算钢丝绳、麻绳的破断拉力、允许拉力；

（2）随机抽取两种钢构件实物或图示、影像资料，由考生估算其质量，并判断其重心位置。

4.7.3 考核时间：10min。具体可根据实际考核情况调整。

4.7.4 考核评分标准

满分20分，考核评分标准见表4.7.4。

表 4.7.4　考核评分标准

序号	扣分标准	应得分值
1	钢丝绳、麻绳破断拉力计算错误的，每项扣 2.5 分	5
2	钢丝绳、麻绳允许拉力计算错误的，每项扣 2.5 分	5
3	钢材估算质量误差超过±10％的，每项扣 2.5 分	5
4	未能正确判定其重心位置的，每项扣 2.5 分	5

合计 20

5. 建筑起重机械司机（塔式起重机）安全操作技能考核标准（试行）

5.1　起吊水箱定点停放（图 5.1、表 5.1）

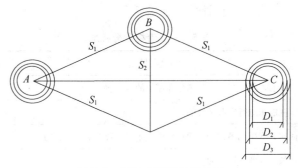

图 5.1　起吊水桶定点停放图

表 5.1　　　　　　　　　　　　　　　　（单位：m）

起起重机高度	$SS1$	$SS2$	$DD1$	$DD2$	$DD3$
$220{\leqslant}H{\leqslant}30$	118	113	11.7	11.9	21.1

5.1.1　考核设备和器具

（1）设备：固定式 QTZ 系列塔式起重机 1 台，起升高度在 20m 以上 30m 以下；

（2）吊物：水箱 1 个。水箱边长 1000×1000×1000（mm），水面距箱口 200mm，吊钩距箱口 1000mm；

（3）其他器具：起重吊运指挥信号用红、绿色旗1套，指挥用哨子1只，计时器1个；

（4）个人安全防护用品。

5.1.2　考核方法

考生接到指挥信号后，将水箱由 A 处吊起，先后放入 B 圆、C 圆内，再将水箱由 C 处吊起，返回放入 B 圆、A 圆内，最后将水箱由 A 处吊起，直接放入 C 圆内。水箱由各处吊起时均距地面4000mm，每次下降途中准许各停顿二次。

5.1.3　考核时间：4min。

5.1.4　考核评分标准

满分40分。考核评分标准见表5.1.4。

表5.1.4　考核评分标准

序号	扣分项目	扣分值
1	送电前，各控制器手柄未放在零位的	5分
2	作业前未进行空载运转的	5分
3	回转、变幅和吊钩升降等动作前，未发出音响信号示意的	5分/次
4	水箱出内圆（$D1$）的	2分
5	水箱出中圆（$D2$）的	4分
6	水箱出外圆（$D3$）的	6分
7	洒水的	1~3分/次
8	未按指挥信号操作的	5分/次
9	起重臂和重物下方有人停留、工作或通过，未停止操作的	5分
10	停机时，未将每个控制器拨回零位的，未依次断开各开关的，未关闭操纵室门窗的	5分/项

5.2　起吊水箱绕木杆运行和击落木块（图5.2、表5.2）

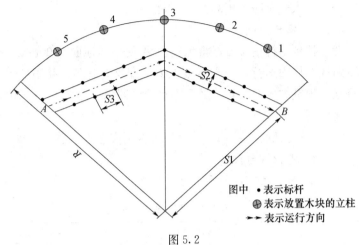

图中 • 表示标杆
⊕ 表示放置木块的立柱
→ 表示运行方向

图 5.2

表 5.2 （单位：m）

起重机高度	R	S1	S2	S3
20≤H≤30	19	15	2.0	2.5

5.2.1 考核设备和器具

（1）设备：固定式 QTZ 系列塔式起重机 1 台，起升高度在 20m 以上 30m 以下；

（2）吊物：水箱 1 个。水箱边长 1000×1000×1000（mm），水面距箱口 200mm，吊钩距箱口 1000mm；

（3）标杆 23 根，每根高 2000mm，直径 20~30mm；底座 23 个，每个直径 300mm，厚度 10mm；

（4）立柱 5 根，高度依次为 1000mm、1500mm、1800mm、1500mm、1000mm，均匀分布在 AB 弧上；立柱顶端分别立着放置 200×200×300（mm）的木块；

（5）其他器具：起重吊运指挥信号用红、绿色旗 1 套，指挥用哨子 1 只，计时器 1 个；

225

（6）个人安全防护用品。

5.2.2 考核方法

考生接到指挥信号后，将水箱由 A 处吊离地面 1000mm，按图示路线在杆内运行，行至 B 处上方，即反向旋转，并用水箱依次将立柱顶端的木块击落，最后将水箱放回 A 处。在击落木块的运行途中不准开倒车。

5.2.3 考核时间：4min。具体可根据实际考核情况调整。

5.2.4 考核评分标准

满分 40 分。考核评分标准见表 5.2.4。

表 5.2.4 考核评分标准

序号	扣分项目	扣分值
1	送电前，各控制器手柄未放在零位的	5 分
2	作业前未进行空载运转的	5 分
3	回转、变幅和吊钩升降等动作前，未发出音响信号示意的	5 分/次
4	碰杆的	2 分/次
5	碰倒杆的	3 分/次
6	碰立柱的	3 分/次
7	未击落木块的	3 分/个
8	未按指挥信号操作的	5 分/次
9	起重臂和重物下方有人停留、工作或通过，未停止操作的	5 分
10	停机时，未将每个控制器拨回零位，未依次断开各开关的，未关闭操纵室门窗的	5 分/项

5.3 故障识别判断

5.3.1 考核设备和器具

（1）塔式起重机设置安全限位装置失灵、制动器失效等故障或图示、影像资料；

（2）其他器具：计时器 1 个。

5.3.2 考核方法

由考生识别判断安全限位装置失灵、制动器失效等故障或图示、影像资料（对每个考生只设置一种）。

5.3.3 考核时间：10min。

5.3.4 考核评分标准

满分5分。在规定时间内正确识别判断的，得5分。

5.4 零部件的判废

5.4.1 考核器具

（1）塔式起重机零部件（吊钩、钢丝绳、滑轮等）实物或图示、影像资料（包括达到报废标准和有缺陷的）；

（2）其他器具：计时器一个。

5.4.2 考核方法

从塔式起重机零部件实物或图示、影像资料中随机抽取2件（张），由考生判断其是否达到报废标准并说明原因。

5.4.3 考核时间：5min。

5.4.4 考核评分标准

满分5分。在规定时间内正确判断并说明原因的，每项得2.5分；判断正确但不能准确说明原因的，每项得1.5分。

5.5 识别起重吊运指挥信号

5.5.1 考核器具

（1）起重吊运指挥信号图示、影像资料等；

（2）其他器具：计时器1个。

5.5.2 考核方法

考评人员做5种起重吊运指挥信号，由考生判断其代表的含义；或从一组指挥信号图示、影像资料中随机抽取5张，由考生回答其代表的含义。

5.5.3 考核时间：5min。

5.5.4 考核评分标准

227

满分 5 分。在规定时间内每正确回答一项，得 1 分。

5.6 紧急情况处置

5.6.1 考核器具

（1）设置塔式起重机钢丝绳意外卡住、吊装过程中遇到障碍物等紧急情况或图示、影像资料；

（2）其他器具：计时器 1 个。

5.6.2 考核方法

由考生对钢丝绳意外卡住、吊装过程中遇到障碍物等紧急情况或图示、影像资料中所示的紧急情况进行描述，并口述处置方法。对每个考生设置一种。

5.6.3 考核时间：10min。

5.6.4 考核评分标准

满分 5 分。在规定时间内对存在的问题描述正确并正确叙述处置方法的，得 5 分；对存在的问题描述正确，但未能正确叙述处置方法的，得 3 分。

6. 建筑起重机械司机（施工升降机）安全操作技能考核标准（试行）

6.1 施工升降机驾驶

6.1.1 考核设备和器具

（1）施工升降机 1 台或模拟机 1 台，行程高度 20 m；

（2）其他器具：计时器 1 个。

6.1.2 考核方法

在考评人员指挥下，考生驾驶施工升降机上升、下降各一个过程；在上升和下降过程中各停层一次。

6.1.3 考核时间：20min。

6.1.4 考核评分标准

满分 60 分。考核评分标准见表 6.1.4。

表 6.1.4 考核评分标准

序号	扣分项目	扣分值
1	启动前,未确认控制开关在零位的	5分
2	作业前,未发出音响信号示意的	5分/次
3	运行到最上层或最下层时,触动上、下限位开关的	5分/次
4	停层超过规定距离±20mm 的	5分/次
5	未关闭层门启动升降机的	10分
6	作业后,未将梯笼降到底层、未将各控制开关拨到零位的、未切断电源的、未闭锁梯笼门的	5分/项

6.2 故障识别判断

6.2.1 考核设备和器具

(1)设置简单故障的施工升降机或图示、影像资料;

(2)其他器具:计时器1个。

6.2.2 考核方法

由考生识别判断施工升降机或图示、影像资料设置的两个简单故障。

6.2.3 考核时间:10min。

6.2.4 考核评分标准

满分15分。在规定时间内正确识别判断的,每项得7.5分。

6.3 零部件判废

6.3.1 考核器具

(1)施工升降机零部件实物或图示、影像资料(包括达到报废标准和有缺陷的);

(2)其他器具:计时器1个。

6.3.2 考核方法

从施工升降机零部件实物或图示、影像资料中随机抽取2件(张、个),由考生判断其是否达到报废标准并说明原因。

6.3.3 考核时间:10min。

6.3.4 考核评分标准

满分 15 分。在规定时间内正确判断并说明原因的，每项得 7.5 分；判断正确但不能准确说明原因的，每项得 4 分。

6.4 紧急情况处置

6.4.1 考核设备和器具

（1）设置施工升降机电动机制动失灵、突然断电、对重出轨等紧急情况或图示、影像资料；

（2）其他器具：计时器 1 个。

6.4.2 考核方法

由考生对施工升降机电动机制动失灵、突然断电、对重出轨等紧急情况或图示、影像资料中所示的紧急情况进行描述，并口述处置方法。对每个考生设置一种。

6.4.3 考核时间：10min。

6.4.4 考核评分标准

满分 10 分。在规定时间内对存在的问题描述正确并正确叙述处置方法的，得 10 分；对存在的问题描述正确，但未能正确叙述处置方法的，得 5 分。

7. 建筑起重机械司机（物料提升机）安全操作技能考核标准（试行）

7.1 物料提升机的操作

7.1.1 考核设备和器具

（1）设备：物料提升机 1 台，安装高度在 10m 以上、25m 以下；

（2）砝码：在吊笼内均匀放置砝码 200kg；

（3）其他器具：哨笛 1 个，计时器 1 个。

7.1.2 考核方法

根据指挥信号操作，每次提升或下降均需连续完成，中途不停。

（1）将吊笼从地面提升至第一停层接料平台处，停止；

（2）从任意一层接料平台处提升至最高停层接料平台处，停止；

（3）从最高停层接料平台处下降至第一停层接料平台处，停止；

（4）从第一停层接料平台处下降至地面。

7.1.3 考核时间：15min。

7.1.4 考核评分标准

满分60分。考核评分标准见表7.1.4。

表7.1.4 考核评分标准

序号	扣分项目	扣分值
1	启动前，未确认控制开关在零位的	5分
2	启动前，未发出音响信号示意的	5分/次
3	运行到最上层或最下层时，触动上、下限位开关的	5分/次
4	未连续运行，有停顿的	5分/次
5	到规定停层未停止的	5分/次
6	停层超过规定距离±100mm的	10分/次
7	停层超过规定距离±50mm，但不超过±100mm的	5分/次
8	作业后，未将吊笼降到底层的、未将各控制开关拨到零位的、未切断电源的	5分/项

7.2 故障识别判断

7.2.1 考核设备和器具

（1）设置安全装置失灵等故障的物料提升机或图示、影像资料；

（2）其他器具：计时器1个。

7.2.2 考核方法

由考生识别判断物料提升机或图示、影像资料设置的安全装置失灵等故障（对每个考生只设置两种）。

7.2.3 考核时间：10min。

7.2.4 考核评分标准

满分 10 分。在规定时间内正确识别判断的，每项得 5 分。

7.3 零部件判废

7.3.1 考核设备和器具

（1）物料提升机零部件（钢丝绳、滑轮、联轴节或制动器）实物或图示、影像资料（包括达到报废标准和有缺陷的）；

（2）其他器具：计时器 1 个。

7.3.2 考核方法

从零部件的实物或图示、影像资料中随机抽取 2 件（张），判断其是否达到报废标准（缺陷）并说明原因。

7.3.3 考核时间：10min。

7.3.4 考核评分标准

满分 20 分。在规定时间内能正确判断并说明原因的，每项得 10 分；判断正确但不能准确说明原因的，每项得 5 分。

7.4 紧急情况处置

7.4.1 考核设备和器具

（1）设置电动机制动失灵、突然断电、钢丝绳意外卡住等紧急情况或图示、影像资料；

（2）其他器具：计时器 1 个。

7.4.2 考核方法

由考生对电动机制动失灵、突然断电、钢丝绳意外卡住等紧急情况或图示、影像资料中所示的紧急情况进行描述，并口述处置方法。对每个考生设置一种。

7.4.3 考核时间：10min。

7.4.4 考核评分标准

满分 10 分。在规定时间内对存在的问题描述正确并正确叙述处置方法的，得 10 分；对存在的问题描述正确，但未能正确叙述处置方法的，得 5 分。

8. 建筑起重机械安装拆卸工（塔式起重机）安全操作技能考核标准（试行）

8.1 塔式起重机的安装、拆卸

8.1.1 考核设备和器具

（1）QTZ 型塔机一台（5 节以上标准节），也可用模拟机；

（2）辅助起重设备一台；

（3）专用扳手一套，吊、索具长、短各一套，铁锤 2 把，相应的卸扣 6 个；

（4）水平仪、经纬仪、万用表、拉力器、30m 长卷尺、计时器；

（5）个人安全防护用品。

8.1.2 考核方法

每 6 位考生一组，在实际操作前口述安装或顶升全过程的程序及要领，在辅助起重设备的配合下，完成以下作业：

A 塔式起重机起重臂、平衡臂部件的安装

安装顺序：安装底座→安装基础节→安装回转支承→安装塔帽→安装平衡臂及起升机构→安装 1~2 块平衡重（按使用说明书要求）→安装起重臂→安装剩余平衡重→穿绕起重钢丝绳→接通电源→调试→安装后自验。

B 塔式起重机顶升加节

顶升顺序：连接回转下支承与外套架→检查液压系统→找准顶升平衡点→顶升前锁定回转机构→调整外套架导向轮与标准节间隙→搁置顶升套架的爬爪、标准节踏步与顶升横梁→拆除回转下支承与标准节连接螺栓→顶升开始→拧紧连接螺栓或插入销轴（一般要有 2 个顶升行程才能加入标准节）→加节完毕后油缸复原→拆除顶升液压线路及电器。

8.1.3 考核时间：120min。具体可根据实际考核情况调整。

8.1.4 考核评分标准

A 塔式起重机起重臂、平衡臂部件的安装

满分70分。考核评分标准见表8.1.4.1，考核得分即为每个人得分，各项目所扣分数总和不得超过该项应得分值。

表8.1.4.1 考核评分标准

序号	扣分标准	应得分值
1	未对器具和吊索具进行检查的，扣5分	5
2	底座安装前未对基础进行找平的，扣5分	5
3	吊点位置确定不正确的，扣10分	10
4	构件连接螺栓未拧紧、或销轴固定不正确的，每处扣2分	10
5	安装3节标准节时未用（或不会使用）经纬仪测量垂直度的，扣5分	5
6	吊装外套架索具使用不当的，扣4分	4
7	平衡臂、起重臂、配重安装顺序不正确的，每次扣5分	10
8	穿绕钢丝绳及端部固定不正确的，每处扣2分	6
9	制动器未调整或调整不正确的，扣5分	5
10	安全装置未调试的，每处扣5分；调试精度达不到要求的，每处扣2分	10

合计70

B 塔式起重机顶升加节

满分70分。考核评分标准见表8.1.4.2，考核得分即为每个人得分，各项目所扣分数总和不得超过该项应得分值。

表8.1.4.2 考核评分标准

序号	扣分标准	应得分值
1	构件连接螺栓未紧固或未按顺序进行紧固的，每处扣2分	10
2	顶升作业前未检查液压系统工作性能的，扣10分	10

序号	扣分标准	应得分值
3	顶升前未按规定找平衡的，每次扣 5 分	10
4	顶升前未锁定回转机构的，扣 5 分	5
5	未能正确调整外套架导向轮与标准节主弦杆间隙的，每处扣 5 分	15
6	顶升作业未按顺序进行的，每次扣 10 分	20

合计 70

说明：

（1）本考题分 A、B 两个题，即塔式起重机起重臂、平衡臂部件的安装和塔式起重机顶升加节作业，在考核时可任选一题；

（2）本考题也可以考核塔式起重机降节作业和塔式起重机起重臂、平衡臂部件拆卸，考核项目和考核评分标准由各地自行拟定。

（3）考核过程中，现场应设置 2 名以上的考评人员。

8.2　零部件判废

8.2.1　考核器具

（1）吊钩、滑轮、钢丝绳和制动器等实物或图示、影像资料（包括达到报废标准和有缺陷的）；

（2）其他器具：计时器 1 个。

8.2.2　考核方法

从吊钩、滑轮、钢丝绳、制动器等实物或图示、影像资料中随机抽取 3 件（张），判断其是否达到报废标准并说明原因。

8.2.3　考核时间：10min。

8.2.4　考核评分标准

满分 15 分。在规定时间内能正确判断并说明原因的，每项得 5 分；判断正确但不能准确说明原因的，每项得 3 分。

8.3　紧急情况处置

8.3.1　考核设备和器具

（1）设置突然断电、液压系统故障、制动失灵等紧急情况或图示、影像资料；

（2）其他器具：计时器1个。

8.3.2 考核方法

由考生对突然断电、液压系统故障、制动失灵等紧急情况或图示、影像资料中所示紧急情况进行描述，并口述处置方法。对每个考生设置一种。

8.3.3 考核时间：10min。

8.3.4 考核评分标准

满分15分。在规定时间内对存在的问题描述正确并正确叙述处置方法的，得15分；对存在的问题描述正确，但未能正确叙述处置方法的，得7.5分。

9. 建筑起重机械安装拆卸工（施工升降机）安全操作技能考核标准（试行）

9.1 施工升降机的安装和调试

9.1.1 考核设备和器具

（1）导轨架底节、标准节（导轨架）6节、附着装置1套、吊笼1个；

（2）辅助起重设备；

（3）扳手1套、扭力扳手、安全器复位专用扳手、经纬仪、线柱小撬棒2根、道木4根、塞尺、计时器；

（4）个人安全防护用品。

9.1.2 考核方法

每5位考生一组，在辅助起重设备的配合下，完成以下作业：

（1）安装标准节（导轨架）和一道附着装置，并调整其垂直度；

（2）安装吊笼，并对就位的吊笼进行手动上升操作，调整滚轮及背轮的间隙；

（3）防坠安全器动作后的复位调整。

9.1.3　考核时间：240min。具体可根据实际模拟情况调整。

9.1.4　考核评分标准

满分 70 分。考核评分标准见表 9.1.4，考核得分即为每个人得分，各项目所扣分数总和不得超过该项应得分值。

表 9.1.4　施工升降机安装和调试考核评分标准

序号	扣分标准	应得分值
1	架体、吊笼安装及垂直度的调整　螺栓紧固力矩未达标准的，每处扣 2 分	10
2	导轨架垂直度未达标准的，扣 10 分	10
3	未按照工艺流程安装的，扣 15 分	15
4	吊笼滚轮及背轮间隙的调整　滚轮间隙调整未达标准的，每处扣 4 分	4
5	背轮间隙调整未达标准的，每处扣 4 分	4
6	手动下降未达要求的，扣 2 分	2
7	未按照工艺流程操作的，扣 15 分	15
8	防坠安全器复位调整　复位前未对升降机进行检查的，扣 3 分	3
9	复位前未上升吊笼使离心块脱挡的，扣 5 分	5
10	复位后指示销未与外壳端面平齐的，扣 2 分	2

合计 70

9.2　故障识别判断

9.2.1　考核器具

（1）设置故障的施工升降机或图示、影像资料；

（2）其他器具：计时器 1 个。

9.2.2　考核方法

由考生识别判断施工升降机或图示、影像资料设置的两个故障。

9.2.3　考核时间：10min。

9.2.4　考核评分标准

满分 10 分。在规定时间内正确识别判断的，每项得 5 分。

9.3 零部件判废

9.3.1 考核器具

（1）施工升降机零部件实物或图示、影像资料（包括达到报废标准和有缺陷的）；

（2）其他器具：计时器1个。

9.3.2 考核方法

从施工升降机零部件实物或图示、影像资料中随机抽取2件（张），由考生判断其是否达到报废标准并说明原因。

9.3.3 考核时间：10min。

9.3.4 考核评分标准

满分10分。在规定时间内正确判断并说明原因的，每项得5分；判断正确但不能准确说明原因的，每项得3分。

9.4 紧急情况处置

9.4.1 考核器具

（1）设置施工升降机电动机制动失灵、突然断电、对重出轨等紧急情况或图示、影像资料；

（2）其他器具：计时器1个。

9.4.2 考核方法

由考生对施工升降机电动机制动失灵、突然断电、对重出轨等紧急情况或图示、影像资料中所示的紧急情况进行描述，并口述处置方法。对每个考生设置一种。

9.4.3 考核时间：10min。

9.4.4 考核评分标准

满分10分。在规定时间内对存在的问题描述正确并正确叙述处置方法的，得10分；对存在的问题描述正确，但未能正确叙述处置方法的，得5分。

10. 建筑起重机械安装拆卸工（物料提升机）安全操作技能考核标准（试行）

10.1　物料提升机的安装与调试

10.1.1　考核设备和器具

（1）满足安装运行调试条件的物料提升机部件 1 套（架体钢结构杆件、吊笼、安全限位装置、滑轮组、卷扬机、钢丝绳及紧固件等），或模拟机 1 套；

（2）机具：起重设备、扭力扳手、钢丝绳绳卡、绳索；

（3）其他器具：哨笛 1 个、塞尺 1 套、计时器 1 个；

（4）个人安全防护用品。

10.1.2　考核方法

每 5 名考生一组，在辅助起重设备的配合下，完成以下作业：

（1）安装高度 9m 左右的物料提升机；

（2）对吊笼的滚轮间隙进行调整；

（3）对安全装置进行调试。

10.1.3　考核时间：180 分钟，具体可根据实际模拟情况调整。

10.1.4　考核评分标准

满分 70 分。考核评分标准见表 10.1.4，考核得分即为每个人得分，各项目所扣分数总和不得超过该项应得分值。

表 10.1.4　考核评分标准

序号	扣分标准	应得分值
1	整机安装、杆件安装和螺栓规格选用错误的，每处扣 5 分	10
2	漏装螺栓、螺母、垫片的，每处扣 2 分	5
3	未按照工艺流程安装的，扣 10 分	10
4	螺母紧固力矩未达标准的，每处扣 2 分	5

续表

序号	扣分标准	应得分值
5	未按照标准进行钢丝绳连接的，每处扣2分	5
6	卷扬机的固定不符合标准要求的，扣5分	5
7	附墙装置或缆风绳安装不符合标准要求的，每组扣2分	5
8	吊笼滚轮间隙调整 吊笼滚轮间隙过大或过小的，每处扣2分	5
9	螺栓或螺母未锁住的，每处扣2分	5
10	安全装置进行调试，安全装置未调试的，每处扣5分	10
11	调试精度达不到要求的，每处扣2分	5

合计70

10.2 零部件的判废

10.2.1 考核设备和器具

（1）物料提升机零部件（钢丝绳、滑轮、联轴节或制动器）实物或图示、影像资料（包括达到报废标准和有缺陷的）；

（2）其他器具：计时器1个。

10.2.2 考核方法

从零部件的实物或图示、影像资料中随机抽取2件（张），由考生判断其是否达到报废标准（缺陷）并说明原因。

10.2.3 考核时间：10min。

10.2.4 考核评分标准

满分20分。在规定时间内能正确判断并说明原因的，每项得10分；判断正确但不能准确说明原因的，每项得5分。

10.3 紧急情况处置

10.3.1 考核器具

（1）设置电动机制动失灵、突然断电、钢丝绳意外卡住等紧急情况或图示、影像资料；

（2）其他器具：计时器 1 个。

10.3.2　考核方法

由考生对电动机制动失灵、突然断电、钢丝绳意外卡住等紧急情况或图示、影像资料所示的紧急情况进行描述，并口述处置方法。对每个考生设置一种。

10.3.3　考核时间：10min。

10.3.4　考核评分标准

满分 10 分。在规定时间内对存在的问题描述正确并正确叙述处置方法的，得 10 分；对存在的问题描述正确，但未能正确叙述处置方法的，得 5 分。

11. 高处作业吊篮安装拆卸工安全操作技能考核标准（试行）

11.1　高处作业吊篮的安装与调试

11.1.1　考核设备和器具

（1）高处作业吊篮 1 套（悬挂机构、提升机、吊篮、安全锁、提升钢丝绳、安全钢丝绳）；

（2）安装工具 1 套、计时器 1 个；

（3）个人安全防护用品。

11.1.2　考核方法

每 4 位考生一组，在规定时间内完成以下作业：

（1）高处作业吊篮的整机安装；

（2）提升机、安全锁安装调试。

11.1.3　考核时间：60min，具体可根据实际模拟情况调整。

11.1.4　考核评分标准

满分 80 分。考核评分标准见表 11.1.4，考核得分即为每个人得分，各项目所扣分数总和不得超过该项应得分值。

表 11.1.4 考核评分标准

序号	扣分标准	应得分值
1	整机安装 钢丝绳绳卡规格、数量不符合要求的，每处扣 2 分	6
2	钢丝绳绳卡设置方向错误的，每处扣 2 分	4
3	配重安装数量不足的，每缺少一块扣 2 分	6
4	配重未固定或固定不牢的，扣 10 分	10
5	支架安装螺栓数量不足或松动的，每处扣 2 分	6
6	前后支架距离不符合要求的，扣 10 分	10
7	提升机、安全锁安装调试与升降操作：提升机、安全锁安装不正确的，每项扣 3 分	6
8	提升（安全）钢丝绳穿绕方式不符合要求的，扣 8 分	8
9	防倾安全锁防倾功能试验不符合要求的，扣 6 分	6
10	吊篮升降调试不符合要求的，扣 6 分	6
11	吊篮升降操作不符合要求的，扣 6 分	6
12	手动下降操作不符合要求的，扣 6 分	6

合计 80

11.2 零部件判废

11.2.1 考核器具

（1）高处作业吊篮零部件实物或图示、影像资料（包括达到报废标准和有缺陷的）；

（2）其他器具：计时器 1 个。

11.2.2 考核方法

从高处作业吊篮零部件实物或图示、影像资料中随机抽取 2 件（张），由考生判断其是否达到报废标准并说明原因。

11.2.3 考核时间：10min。

11.2.4 考核评分标准

满分 10 分。在规定时间内正确判断并说明原因的，每项得 5 分；判断正确但不能准确说明原因的，每项得 3 分。

11.3　紧急情况处理

11.3.1　考核器具

（1）设置突然停电、制动失灵、工作钢丝绳断裂和卡住等紧急情况或图示、影像资料；

（2）其他器具：计时器1个。

11.3.2　考核方法

由考生对突然停电、制动失灵、工作钢丝绳断裂和卡住等紧急情况或图示、影像资料中所示的紧急情况进行描述，并口述处置方法。对每个考生设置一种。

11.3.3　考核时间：10min。

11.3.4　考核评分标准

满分10分。在规定时间内对存在的问题描述正确并正确叙述处置方法的，得10分；对存在的问题描述正确，但未能正确叙述处置方法的，得5分。